特色酒店

设计、经营与管理

杨春宇◎著

中国旅游出版社

前　言

随着我国酒店业的快速发展和业内竞争的加剧，特色酒店的话题越来越多地引起人们的关注，多一分特色就多一分竞争力的观点，已经得到了大家的广泛认同。但是，如何认识特色、选择特色、经营特色却是业内普遍存在的问题。特色酒店的定义是设计上的高度创造性和非通俗性，主要区域的设计与常见酒店有明显的区别，有取自某种文化背景、文化素材和艺术形式的主题是设计原则，并将这一原则有机地贯彻到酒店的全部经营区域中，酒店宣传、经营和服务都围绕已有的设计原则展开并能够发展成为所在城市或地区的文化标志之一。

特色酒店作为一个投资研究的命题，在世界上的探索已经有40多年的历史，特别是在近十年来，我们看到了越来越多的精品酒店、主题酒店以及民宿。各种各样的特色酒店的说法和实例令人大开眼界。这些不同的称谓都圈定了不同的特色风格，而且都各自有一套风格和形式的统一、设计与经营的统一，这为酒店树立了响亮的声誉。当然，由于特色酒店的经营与管理都需要独特，也给约定俗成的管理带来了一定的挑战。

目前，我国酒店设计，特别是星级酒店设计，风格不明确，有太多的精神和元素是从国外拷贝过来的。在旅客进入酒店时，甚至分不清是在哪座城市，因为酒店完全没有地域性表达。酒店业的"整体通俗"已经见怪不怪，包括豪华和高档次的通俗、小型饭店的通俗等。总之，同等规模、同等档次的酒店一般都会十分相像和相似，有一种让人难以区分的"通俗"感，或者干脆就是"雷同"。这些通俗酒店或者是出于商业运作的目的，追求方便、高效，有意避免"特色"带来的麻烦，或者由于缺乏经验，甚至不完全理解"特色"究竟是什么，无从入手。在这种情况下，酒店会逐渐被装配成一个又一个商业机器，但是却在不知不觉中失去了它所应该具有的文化力量。当然，我国至今仍有很多酒店甚至还不会将自己装备成"商业机器"，而是在从开始就规划着错误的前景。

在经济快速发展的时期，文化实际上已经成为一种强大的生产力了。在同等投资条件下，缺乏文化力量的酒店一定竞争不过有深厚文化力量的特色酒店，这是无可争辩的真理，也必将被我国酒店业的发展实践所印证。事实上，选择一种特色酒店就是选择了一种高质量的文化营养，这个文化影响会滋育酒店，帮助酒店健康发展、成长壮大。

本书分为六个章节对特色酒店设计、经营和管理进行了研究。首先，对特色酒店的发展史进行了梳理，把特色酒店分为精品酒店、主题酒店和民宿三类，并分别对其概念和特征进行了阐述。其次，深入剖析了特色酒店文化特色定位与设计表达，对影响特色酒店设计的影响因素，以及文化定位对特色酒店的影响进行了分析，同时，通过案例分析的方法对特色酒店的设计原则与设计方法进行了说明。再次，对特色酒店的经营管理进行了分析说明。分别对特色酒店的管理模式、市场定位与分析和营销策划的方式和特点进行了分析说明。然后，对特色酒店的服务管理进行了阐述，从个性化服务、管家式房务管理、人力资源管理、员工素质管理和文化与创新管理5个方面进行了分析。最后，探索了特色酒店划分和评定标准，从文化主题、外观特色、产品特色、服务特色和基础支撑5个方面对特色酒店进行评定分析，为管理者进行特色酒店评价提供了行之有效的标准。

总而言之，开发特色酒店，无论对酒店本身还是对酒店所在城市而言，都是一个文化亮点。而文化一旦渗透到经济的肌体中就会产生强大的附加值，对酒店的投资和设计的定位来说，如果具有一定的条件，不妨进行特色酒店的尝试，一定会先声夺人，并且取得事半功倍的效果。

目　录

第一章　特色酒店概述

1.1 特色酒店发展历程

特色酒店通常被认为是通过引入特色的文化、自然资源以及不断发展的现代科技成果赋予酒店特定外形、酒店文化或者提供与传统酒店相异的服务产品，给消费者带来特殊感受的酒店。21世纪，随着世界各国旅行者旅行经验的日益丰富，对酒店产品的新颖性和时代性的要求也越来越高。如今酒店市场有许多酒店以特色餐厅、特色客房、特色酒吧、特色装饰风格取得了"特色"的地位。独特性、新颖性、文化性是特色酒店的基本特性，从这一特点来看，精品酒店、主题酒店和民宿都可以称为特色酒店，这一非标准化酒店形式在酒店市场呈现一片蓝海之势。

1.1.1 国外特色酒店发展历程

1.1.1.1 国外精品酒店发展状况

"精品酒店"（Boutique Hotel）概念诞生于欧美地区，源于法语"Boutique"，意思是"专卖时尚服饰和首饰的小精品店"。20世纪80年代，美国开发商兰·施拉德（Lan Schragerl）以及他的合作伙伴史蒂夫·鲁贝尔（Steve Rubll）开设了摩根斯（Morgans）酒店，它坐落于纽约麦迪逊大道，被认为是世界上第一家精品酒店。摩根斯酒店以提供独特、个性化的居住环境和服务享受塑造了一个全新的酒店形象，在某种程度上颠覆了当时一些在酒店行业处于主导地位的大型品牌酒店的形象。由此史蒂夫·鲁贝尔开始提出"精品酒店"这一说法。而伊恩·施拉格则最早从类型学角度提出了"精品酒店"这一个富有"时尚感""个性化""独特性"的概念。

现今，精品酒店在国外有着良好的发展市场，并且得到迅速发展。例如文莱帝国度假酒店、新加坡The Scarlet酒店、法国尼斯 Chateau Des Ollieres

酒店[1]、法国巴黎Hotel LeLavoisier酒店、韩国首尔华克山庄W酒店、美国Shade酒店等[2]。而像Starwood、Hilton、Marriott等一些传统著名酒店管理集团以及一些房地产商，由于十分看好精品酒店市场前景因此纷纷进入这一新兴市场。

最初精品酒店业的主要市场多集中于美国，并且精品酒店的市场份额在整个酒店市场中只占据很小的一部分。据统计，全美国每天平均开房数量在250万左右，精品酒店只提供了这其中的1.5万个客房。虽然市场占有率较低，但是精品酒店的发展速度却十分快。特别是在美国纽约等城市精品酒店有遍地开花的趋势。与传统酒店集团所提供的豪华服务产品相比，由于精品酒店在建立过程中并不需要向一些著名的酒店集团支付昂贵的品牌使用费，所以在运营过程中精品酒店有着较大的成本优势。这一优势将为精品酒店进入存在较高市场进入壁垒的区域创造了更加便捷的条件。由于服务产品的差异性，精品酒店业在运营、发展过程中表现出良好的经营业绩。澳大利亚的Jones Lang LaSalle酒店房地产投资咨询公司的报告表明，到2000年年底，精品酒店的平均每日房价（ADR）达到了209.45美元，开房率高达71.7%。同时整个精品酒店业可使用客房的平均收益（RevPAR）自1996年起就已经超过了传统酒店业所提供的豪华服务产品，据报道，从2000年后两者之间的差距还在逐渐增大。与传统酒店业相比，精品酒店平均每间客房的成本几乎处于同一水平线上，但是就精品酒店来说其平均收益要比传统的酒店高出15%~20%[3]。

现今，在一些精品酒店发展水平较高的国家，例如，在美国更多的酒店经营者和业主正尝试着将精品酒店的发展理念引入一些发展较为落后或者区域环境较小的城市。目前，虽然精品酒店的市场份额仍然很小，但是依托其精准的市场定位、个性化的服务方式、独特的文化内涵以及更有针对性的营销管理，使精品酒店在同酒店业市场上其他众多类型的酒店竞争中存在较大的优势，同时有着较大的利润空间，因此，精品酒店在发展过程中有着更好的市场前景。所有的这些都是国外精品酒店成功运营的原因所在。由于其良好的市场表现以及消费趋势的变化，越来越多的著名国际酒店管理集团以及众多有实力的房地产开发商开始进入精品酒店市场。Starwood酒店管理集团是第一批进入精品酒店市场的传统酒店品牌之一。1998年12月在纽约，W品牌的精品酒店产品成为Starwood酒店推出的第一个精品酒店品牌。Starwood酒店集团希望W酒店能够成为世界上顶级的精品酒店品牌。2004年，洲际（IHG）这个全球最大的酒店集团在亚特兰大推出了它的第一个精品酒店品牌——Indigo。随后洲际酒店集团分别在芝加哥、萨拉索塔、休斯敦和新奥尔良等城市相继推出新的Indigo酒店。同时洲际酒店集团表示在未来十年内建立150~200家精品酒店。同时很多有实力的房地产开发商也开始涌入精品酒店市场，例如，NineZero精品酒店属于波士顿Intercontinental房地产品牌旗下的精品品牌。因此，精品酒店得到了市场的普遍认可，正如Starwood酒店集团执行主席ArrySternlicht所说的：这种类型的酒店在未来市场上将具有广泛的前景。除此之外，目前精品酒店市场呈现出一些传统酒店品牌纷纷进入该市场的现象，导致精品酒店的形式也在发生着改变。这些传统的酒店集团常常会以二线品牌的方式进行精品酒店的开发，并以连锁经营等方式在不同地区实现经营和发展。如Starwood酒店的W品牌精品酒店就是其中之一。

1.1.1.2 国外主题酒店发展状况

国外主题酒店发展历史比较早，最早兴起于美国。1958年，美国加州玛利亚客栈是最早期的主题酒店形式，首先只推出了12间主题客房，但很受顾客的青睐，房间布置得很有气氛，顾客进入酒店中仿佛置身远古时代，整个酒店的设计模仿史前山顶洞，墙壁、地板、家具的材料都是天然的岩石，卫生间的浴缸和淋浴喷洒都为岩石雕刻而成。后来房间规模发展到109间，成为美国主题酒店最具代表性的典范。"拉斯维加斯主题酒店之都"的出现，标志着国外主题酒店的快速发展，美国是世界上主题酒店最发达的国家，据统计，世界上最大的16家主题酒店中，拉斯维加斯就有15家。主题酒店构成产业的亮丽风景，在欧洲与美国市场上逐渐兴起。近几年，国外主题酒店的发展已经走向了成熟，主要表现在酒店规模大、集团化程度高、娱乐及体验性高、酒店建筑富有特色、重视营造及突出强调水元素等特色。

提起主题酒店，不得不为拉斯维加斯而赞赏。拉斯维加斯的第一个主题酒店——"大牧场博彩酒店"，它的主题是赌场。拉斯维加斯不仅是"酒店之都"，更被业界誉为"主题酒店之都"。它拥有超过14万间客房，是全球酒店客房最多的城市。世界上最宏伟、最神秘的酒店也许是美国金字塔酒店。酒店内一座30层楼高的金字塔和两座有阶梯的金字塔楼是由黑色玻璃建成的，拥有6300个床位。酒店设计宏伟、神秘，被形象地比喻为美国的"大金字塔"酒店，其外形就是以金字塔的形式展现的，酒店的正面是一座巨大的狮身人面像的雕塑，体形比埃及的还大，酒店的外墙几乎全部采用玻璃装饰，是世界上单体酒店使用最多的玻璃建筑。酒店内绝大部分客房设有金字塔外形的4个斜面，电梯也沿倾斜的角度行进。金字塔酒店还有法老卡蒙陵的展览，展品虽为仿制品，但与真品相差无几。该酒店把古埃及艺术和现代科技结合得非常和谐，是拉斯维加斯最具想象力和创造力的艺术杰作。

以迪士尼公园为代表的主题公园的出现为酒店业的发展提供了新的思路。即酒店业的发展更加强调顾客体验以及设施设备的个性化，主题酒店就是在这种环境下成长和发展的，并且在世纪之交快速发展，迅速成为国际酒店业新的宠儿。

纵观国内外主题酒店的发展，当前国外主题酒店具有以下特点：

（1）酒店规模大，集团化程度高

国外有些主题酒店体积庞大，客房数量极多，可达千间以上，其中米高梅酒店有5005个客房，威尼斯酒店更是达到了6000间客房。拉斯维加斯的贝拉吉欧酒店、梦幻酒店和金银岛酒店、韦恩拉斯维加斯酒店等都是由韦恩一人投资的。另外，马戏酒店、石中剑酒店、金字塔酒店、曼达利海湾酒店等都是由马戏集团投资建造的。

（2）重视环境的营造，突出强调水元素

国外主题酒店都将酒店周边环境加以建设改造，使之与酒店的主题相呼应。这样可以为顾客创造良好的主题体验环境，使顾客在其中尽情感受主题文化的独特魅力。在塑造体验环境的过程中，酒店对水元素情有独钟，或者在酒店周边设置水面，或者在酒店内部突出水的存在。一方面，这与拉斯维加斯沙漠绿洲的形象相一致；另一方面，也与中国"遇水则止"的风水理念相契合。

（3）娱乐及体验性高

拉斯维加斯的主题酒店大多强调娱乐表演秀。酒店里面设有专门的剧场，表演特色的娱乐节目。有的节目由专业演员担纲表演，有的节目通过高特技手段进行。这些节目有固定的表演时间，吸引了游人的目光。如：金银岛饭店的加勒比海盗主题文化节目等。不少酒店建造了主题乐园，让顾客在酒店的体验再度升级。一是因为酒店的规模很大，酒店有足够大的空间来建造主题乐园；二是因为酒店实力雄厚，有足够的资本投资乐园；三是主题乐园的体验性强，弥补了酒店现有产品的不足，因而可以很好地满足顾客的体验需求。

（4）酒店建筑富有特色

国外主题酒店或者模拟现实中的真实建筑，或者模拟小说当中的情节，其外观别具一格，令人过目不忘。开业于1999年12月的迪拜BurjAl-Arab酒店，一共有56层，340米高，是目前中东地区最高的建筑物。酒店外形像一艘帆船，共有高级客房202间，采用双层膜结构建筑形式，造型轻盈、飘逸，具有很强的膜结构特点及现代风格。

1.1.1.3 全球民宿①发展状况

民宿最早起源于英国，20世纪60年代，英国西南部与中部人口较稀疏的农家，为了增加收入开始为客人提供住宿和早餐，类似家庭式的招待，成为最早的民宿类型。

民宿广泛发展于20世纪80年代的我国台湾地区和日本。台湾旅游景区的住宿设施不足，当地居民便自发将拥有的房屋出租给游客使用；90年代台湾农业在加入世界经贸组织的冲击下以及休闲观念的流行，由农民提供给游客吃、住、游、玩的消费品"民宿"开始流行起来。日本民宿的发展，则是由租借民宿歇脚或暂住而发展兴起的行业。

由于地理位置、民风民俗的差异，在世界各地造就了多元多样化的民宿风貌。例如：英国的B&B（Bed and Breakfast）、法国的城堡、日本的民宿、北欧的农庄、美国的Home Stay等，均深受世界旅游者的喜爱[4]（见表1-1）。

表1-1　美洲、欧洲和亚洲地区民宿发展比较

美洲地区	欧洲地区	亚洲地区
发展特色：美洲民宿发展相对成熟，以居家式为主。	发展特色：以英国、法国为最突出，是民宿发展的起源地。	发展特色：以我国台湾、日本为经典，是全球民宿发展精品的代表。
开发形式：以青年旅舍、家庭旅馆的形式呈现，价格相对便宜。	开发方式：优先保护农舍，结合开发，采用副业形式经营。	发展趋势：不同主题风格的民宿成为旅游核心吸引物之一，并呈现高端化、精品化、重服务的趋势。

---

① 民宿和客栈在解释时含义大同小异，国内习惯上称为客栈。为了避免混淆，本文统一使用"民宿"。

一方面，民宿随着国民经济的发展、收入的增加、带薪假期制度的不断完善以及休闲度假旅游的兴起而逐渐发展起来。特别是一些乡村利用自己空闲的房屋以及闲置的传统农业设施设备向游客提供住宿以及体验设施。民宿就是将休闲农业同自身条件相结合，为都市人提供调整身心和游憩的去处。另一方面，民宿富有人情味且有家的温馨，这是其与其他传统酒店住宿最大的不同，它能够吸引那些想要体验乡村风土人情的人们一个接近当地生活的机会。因此，从某种程度上来说民宿逐渐成为游客出门在外的另一个选择。

（1）英国民宿

英国民宿最早出现在20世纪60年代，西南部和中部人口较稀疏地区的农家为了增加收入，利用自己空闲的房间，将其改造成为民宿对外租售，进行营业活动以此增加家庭收入。最初阶段的民宿多采用B&B的方式经营。这些民宿的接待方式是属于家庭式招待，这便成为英国最早的民宿。

B&B是英国一种传统的旅馆经营方式，即向住店客人提供床铺和早餐的家庭旅馆式服务方式。尽管和真正意义上的酒店相比，B&B只能提供有限的服务和设施，但是由于它价格低廉，对于众多普通老百姓来说还是具有一定的吸引力。B&B不同于青年旅舍的嘈杂以及普通旅馆的拥挤，热心的民宿主人通常会带领游客体验当地丰富多彩的农业活动，例如农产品采摘、喂食牛羊等家禽家畜以及探索乡村生活的奥秘等。依据英国一项关于休闲旅游的调查中发现，接近有八成的英国民众每年至少进行一次乡村旅游活动，大约有40%的民众会选择在民宿过夜。英国当地民宿业的发展得到了广泛的支持和认可，因此，有人预测21世纪英国观光产业将成为最大的产业。

到了20世纪70年代后期，民宿的经营范围逐渐扩大至露营地、度假小屋（Flat），同时开始运用集体营销的方式，联合当地的农家成立自治会，以此来共同推动民宿的发展。1983年由民间自发成立"农场假日协会"（Farm Holiday Bureau），随后获得英国农业主管团体以及政府观光局的支持。"农场假日协会"依据现实发展需要制定行业规章制度，并依据制定的规章制度将众多民宿按照自身水平进行等级划分。能够申请加入协会的会员必须是在农渔粮食部记录在案的农场主或者是具有一定服务质量水平和完备的住宿业设施，并依托其优良的服务和设施设备向协会登记注册的经营人员。

（2）法国民宿

第二次世界大战之后法国百废待兴，城市化进程加快，大量农村人向城市转移，导致农村空心化等问题的出现。这种现象的出现使得乡村中留下了许多无人居住的农舍；与此同时，自1936年起，法国国家规定每年公民享有15天的法定假期。经历了漫长的战乱之后，在城市生活工作的人们更加期待享受假期的机会，但是由于经济能力有限，很多方面受到限制，用农舍接待度假游客，一方面不需要花费昂贵的住宿费用，更重要的是符合人们回归田园生活的想法。因此，上普罗旺斯阿尔卑斯省的一名参议员奥贝提出将农舍改造成为接待度假者的住宿设施。法国第一个乡村民宿于1951年正式开张。1952年，法国农业部对经营乡村民宿的农民发放补助。同时，对民宿的经营者提供贷款和资金方面的支持。1955年法国民宿联合会成立，并且印发了第一本法国民宿指南，指南上共收录146个民宿地址。

（3）日本民宿

1959年至1960年期间，日本由于社会经济高度发展，夏季避暑旅游以及冬季滑雪活动的兴起，国内酒店住宿供给量存在明显不足，日本开始兴起洋式民宿（Pension）；同时部分农场也以副业经营的方式，向游客提供住宿设施，以满足游客住宿需求，"农场旅舍（FarmInn）"的住宿形态由此产生。20世纪70年代是日本民宿发展最快的时期，日本民宿也是农业观光的主要形态之一，多以家庭为单位开展经营活动，向客人提供具有当地特色的客房，客人可以在民宿内品尝到物美价廉的"农家饭"。

民宿刚刚在日本兴起之际，通常那些临近海边浴场或者滑雪场的农家会腾出自己闲置的房间供客人使用。日本第一代民宿正是在这样的背景下发展起来的。这些民宿所使用的食材多源自农家自种或渔民自己捕捞所获得的新鲜食材。此外，住店的客人也可以自己带一些食材进行烹饪。这样的经营方式能够使买卖双方同时感到舒适，成为一种两全其美的经营手段，民宿由此在日本开始兴起。

日本民宿发展的最鼎盛时期，民宿数量曾经一度达到2万多家，但随后由于经济的波动，民宿也存在一段时间的没落。近些年来，经济的恢复使得民宿行业再度得到发展。现今，日本民宿已经开始有向"专业化"经营的趋势。依据日本国内一项数据调查显示，其国内年观光总住宿人次约为3.45亿，这其中入住乡村民宿达到873万人次，占总人数的2.5%。

（4）我国台湾民宿

我国台湾发展民宿在很大程度上借鉴了日本模式。台湾民宿始于20世纪80年代，已有30多年的发展历史。初始阶段台湾民宿在建筑风格、设施设备等方面主要以模仿日本为主，随后经过长时间的发展逐渐形成自己的风格。在20世纪末，台湾正式出台公布了民宿管理办法。随后台湾民宿得到了长足发展，在岛内各区域形成了风格各异的民宿设施。

现阶段，可以将台湾民宿的经营模式分为三种：第一类，价格适中较为大众化，并且可以向游客提供较多房间；第二类，价格适中较为大众化，但是只能提供较小规模房间数，其主要经营者是以副业的方式经营；第三类，民宿定价较高，定位为高端路线，民宿设施非常有特色而且房间数量有限。综上可知，第一类和第二类民宿价格大众化，能被大众普遍接受，以满足大多数游客的诉求为经营目标。而第一类和第三类民宿多以正业方式经营。而第二类民宿的经营者是以副业的方式经营，这种经营模式持续时间的长短和业主的热情和心态都有着直接的关系。

依据上述分析，对比英国、法国、日本和我国台湾民宿在经营、管理、发展、规模、起源以及客源组成得到如下结论：

首先，在经营方面。民宿经营能否成功，经营者必须依托当地特色并结合主题文化融合发展形成自身特有的文化。在经营方式选择上，英法以及我国台湾民宿经营者多以副业的方式开展经营活动。民宿实行自主经营，向游客提供难忘的乡村生活体验，不仅可以满足都市人群回归自然的愿望，更重要的是能够促进城乡交流。日本民宿多为旅馆的一种表现形式，经营者多采取全年专业经营的方式。随着民宿业被大众所接受，英国、法国、日本及中国台湾等地民宿行业的规模都有不断扩大的趋势，并且民宿行业逐渐火爆，所以各国、各地区政府以及民宿经营者都在向着永续经营的目标努力。

其次，在民宿起源方面。以上几个典型代表国家或地区民宿起源大致相同，主要为：旅游旺季时传统酒店业的有效供给不足，某些农家为提高自己收入将家中闲置房间向游客出售。一方面改善行业整体供给不足的状况，增加农户收入；另一方面能够让游客体验地道的乡村生活。这种方式不仅能够促进当地经济发展，还可以促使政府以及经营者对当地资源、环境、文物古迹以及文化等方面的保护。

再次，在民宿管理方面。通常为了维护原住居民和游客之间的权益，政府相关部门都会直接或间接地介入行业管理。在英法日以及台湾地区，民宿经营多采取许可制，只有先取得营业执照才能够进行民俗经营。政府在消防、食品卫生安全以及民宿建筑安全等方面对经营者进行规范，保证行业规范发展。

最后，在民宿规模与客源等方面。法国规定民宿经营的房间数量不可超过5间，而英国将经营容量定在6人以下。由于日本民宿是属于旅馆的一种形式，因此不存在客房数量限制。此外，我国台湾地区一般民宿房间数量要求不超过5间、特色民宿的房间数量不高于15间。另外由于语言、习惯及地域文化差异等因素，英、法民宿接待的游客包括境内、境外两大类。而日本以及我国台湾地区民宿的游客以本地居民为主。

1.1.2 国内特色酒店发展历程

1.1.2.1 国内精品酒店发展状况

随着我国人民消费水平的日益提高和消费观念的转变，休闲度假游已经成为一种新的旅游模式进入人们的日常生活。以提供文化体验为主，为消费者提供个性化服务的高端酒店成为酒店行业新宠。例如在上海，随着华尔道夫、半岛等顶级酒店品牌的进入，标志着这一类型的酒店在国内市场中已经开始占据了一定的市场。随着中国经济的发展，高收入水平人群数量的不断增加为精品酒店市场提供了更加广阔的市场。同时中国悠久的历史文化为精品酒店提供了丰富的文化资源。当然，大量外资品牌的进入在给中国本土品牌带来机遇的同时也使本土品牌面临着众多的挑战。

目前，中国精品酒店发展尚处于起步阶段。例如，上海马勒别墅酒店，酒店建筑始建于1936年，是以典型的中国庭院风格同传统的斯堪的那维亚情调的乡村建筑风格相结合而建成的。从外观来看，上海马勒别墅酒店很容易让客人感受到家的感觉；北京长城脚下的凯宾斯基酒店建筑形式是别墅群落式酒店，设计风格上强调整体建筑的时尚、品位以及艺术气息。整个酒店设施注重奢华以及贵族般的享受。在酒店里客人可以欣赏长城的宏伟壮丽，从长城上可以感受酒店的现代化建筑；而云南丽江悦榕庄花园别墅酒店建筑上强调装潢设计的富丽堂皇，整体风格上能够折射出当地环境、文化特质。既可以让顾客感受到豪华的服务又能够使其感觉到远离世俗的幽静。杭州安云安曼、花间堂、书香府邸、裸心等，上述酒店品牌都有其自己的特色所在，算得上是国内精品酒店的代表。

2011年中国精品酒店联盟成立，该联盟致力于打造国内第一家精品酒店服务、合作、交流合作平台；中国第一家精品酒店管理学院在扬州成立，针对国内精品酒店、民宿等非标准住宿市场开展实用型专业培训，将陆续推出包括针对精品酒店管家式服务的"全能管家"培训课程，针对精品酒店投资人的瑞士精品酒店游学交流活动和针对民宿业的"民宿精英"培训计划等，共同推动提升中国精品酒店业实操性管理水平。精品酒店业在中国市场上存在巨大的潜力和发展前景。迈点旅游网2016年2月份中国住宿业精品酒店品牌发展报告数据显示，前十名的榜单中，国内上榜的酒店有6家，国外有4家，如表1-2所示。

表1-2　2016年2月份中国住宿业精品酒店品牌发展报告

排名	品牌名称	所属集团	品牌指数
1	书香府邸	书香酒店集团	265.87
2	悦榕庄	悦榕集团	263.24
3	花间堂	布洛斯酒店投资管理（昆山）有限公司	168.08
4	英迪格	洲际酒店集团	165.44
5	裸心	裸心酒店管理集团	141.31
6	御庭	御庭酒店集团	129.96
7	悦椿	悦榕集团	129.46
8	URC	香港Urban Resort Concepts（URC）公司	127.13
9	木棉花	华润集团	123.86
10	逸酒店	浙江东瑞酒店管理有限公司	123.54

1.1.2.2 我国主题酒店发展状况

主题酒店作为酒店业发展的一种新型模式，在国内发展的时间并不长。最早的一批应该算是1995年开业的以乒乓球文化为主题的玉泉森信大酒店；还有后来重新装修成以三国文化为主题的成都京川酒店；而最具代表性的应数2002年开业的深圳威尼斯酒店，是以地中海风情和威尼斯水城为主题的酒店，国内的主题酒店由于旅游接待和经济环境等要素的影响，主要集中在北京、上海、深圳这些比较发达的城市。

2004年以后，国内的主题酒店开始进入了有组织的发展时期，通过有组织地进行行业间相互的经验交流，最终建立了行业组织和主题酒店的发展标准。2004年10月开业的北京拉斐特城堡，就以文化为主题，酒店建筑由一座主城堡和两座城堡式配楼组成，再现了欧洲文艺复兴时期巴洛克式的建筑风格。广州番禺的长隆酒店是一家以回归大自然为主题的主题酒店。在上海有些酒店以老照片、老绘画、老古董、老服饰、老环境营造怀旧主题，也都妙趣横生。此外，为配合迪士尼乐园的建设，香港兴建了迪士尼乐园酒店和迪士尼好莱坞酒店，它们都是以迪士尼为主题的主题酒店，香港的玻璃酒店则是一家以科技为主题的酒店。在景德镇，2008年开业的青花主题酒店，是世界上第一家以陶瓷文化为主题的主题酒店，宾客不仅可以通过酒店的走廊、刮花等了解陶瓷知识，还可以在瓷陶坊亲手制作陶艺作品，并免费参加酒店不定期举办的陶艺专题讲座。长沙的2599爱情主题酒店是以爱情为主题的酒店，房间以水床、电动床、圆床、心形床以及其他爱情主题因素为主，是全国第一家以爱情为主题的酒店。

中国主题酒店发展主要经历了两个阶段，分别是：自由式发展阶段（1995~2004年）以及有组织的发展阶段（2004年年底至今）。在自由式发展阶段，主题酒店的建设主要依靠自我不断完善和发展而完成，没有受到组织干预是这个阶段的主要特征。2004年11月6日第一届国际主题酒店研讨会的开幕标志着中国主题酒店的发展进入有组织的发展阶段。至此，中国主题酒店行业开始由分散的状态逐渐走向统一，并且确立了行业的发展标准。2006年12月，在济南玉泉森信大酒店成立中国国际主题酒店研究会，同时会议还通过了《国际主题酒店研究会章程》，这次活动对中国主题酒店行业的发展具有里程碑式的意义，标志着国内主题酒店行业标准化进程的不断完善。

前瞻产业研究院①发布的《2012~2016年中国主题酒店行业市场前瞻与投资

---

① 数据来源：http://www.360doc.com/content/13/1107/17/11806011_327468347.shtml。

战略规划分析报告》显示，目前我国主题酒店业发展势头良好。据不完全统计我国目前已有400多家主题酒店。其中四川省主题酒店数量最多，达到49家，其次是山东省有39家；随后依次为北京、广东、浙江，其主题酒店数量分别为36家、34家以及27家。虽然国内主题酒店起步较晚，但是除了2009年外，其市场规模增长率均高于当年国家GDP的增长率。2011年，国内主题酒店业市场规模达到了115.64亿元，同比增长15.46%。在未来较长时间内国内主题酒店行业的规模将保持15%左右的增长速度。由于主题酒店巨大的发展潜力，学术界对主体酒店的研究也逐渐增多。

目前中国的主题酒店的类型主要包括6种，即历史文化酒店，顾客一走进酒店，就能感受到时光倒流般的浓郁的历史氛围，代表性酒店是四川京川宾馆；自然风光酒店，将富有特色的自然风光搬入酒店，给顾客营造一个身临其境的场景，代表性酒店是广州的长隆酒店；城市特色酒店，以某一特色城市为蓝本，以局部模拟的形式和微缩仿照的方法再现城市的风采，代表性酒店是深圳威尼斯皇冠假日酒店；名人文化酒店，以人们熟知的政界和文艺界名人的经历为主题建造，代表性酒店为浙江杭州西子宾馆；科技信息酒店，以高科技手段支撑，代表性酒店是我国香港柏丽酒店；艺术特色酒店，以音乐、电影、美术、文艺作品等艺术种类为素材，代表性酒店为香港迪士尼好莱坞酒店。虽然主题型酒店在国内的发展还处于刚刚起步的阶段，但是作为未来酒店业发展的一个新趋势，也是国内酒店应对国际酒店集团抢滩国内市场的一种新思路，我们应该积极探索主题酒店的发展历史，为以后的长远发展打下坚实的基础。

1.1.2.3 国内民宿发展状况

民宿最早起源于20世纪60年代的英国，随后传播至法国，再后来在欧洲蔓延开，之后跨越大西洋来到美国，最后逐渐传播至日本、我国台湾，当今民宿已遍布世界各地，在我国近几年更是越来越受追捧。

现今中国大多数民宿仅仅是给房子以所谓的"小资"情调装修下，再加上些地方元素或文化符号，但归根到底，还是原来的农家乐模式。通过一家品质优良的民宿可以找出一座城市或者当地深厚的底蕴和文化特色，能够让游客感受不一样的文化体验。国内最初阶段，民宿只是在丽江零星分布。2008年以后，随着丽江旅游业渐入佳境，其民宿的分布规模逐渐增大，并产生大量的知名民宿品牌。直到现在，在丽江古城中已有大约5000家民宿，这些民宿已经成为丽江旅游中一道独特的风景线。

除丽江之外，大理双廊的民宿也在崛起，从而带动了整个双廊旅游产业的蓬勃发展。有数据显示，2012年双廊共接待游客135万人次，双廊旅游总收入达到1.1亿元。目前，双廊已经建成营业的民宿共计130余家，民宿价格分布区间十分广，30元到5000元的房销售都十分火爆。在旅游旺季游客通常需要提前预订（见表1-3）。

表1-3　我国民宿发展情况一览表

发展阶段	起步期20世纪90年代萌芽阶段	21世纪初期发展阶段	2010年以后拓展升级阶段
关键字	低端、分散、农家菜	个性化、情怀	精致化、中高端、小而美
自身规模	乡村个体农家乐	品牌化发展，区域拓展，模式复制	美丽乡村改造，集群式发展，形成民宿度假区域
主要功能	主要承担住宿及餐饮功能	关注选址，依托景区发展，如人文古镇、自然山水景区等	成为景区的核心吸引之一，体现多元化，旅游微目的地逐渐形成
民宿档次	价廉，档次低，设施不足	档次升级，设施健全	精品化，中高端，设施完善
民宿主题	基本无主题，村民自发的"热情好客"	个体化特色化开始凸显，主题风格与服务理念开始衔接	关注人文，融入当地文化，定制化活动体验；但同质化问题也不断出现
投资主体	村民自发经营为主	村民个体、村镇集体，以及"村外"经营者与投资人普遍	政府、酒店集团、跨界、社会资本、众筹等方式

目前国内民宿主要存在以下特点：第一，整个行业多以个体经营为主，收支管理、服务质量、抵御风险等方面的能力较弱。第二，行业准入门槛较低，资本投入较少。但是存在经营较为散乱，服务品质良莠不齐、"滥竽充数"的问题。第三，行业定位不够准确，对于民宿并没有统一的评价标准和明确的概念。第四，一些旅游景区盲目增加民宿数量，导致游客体验满意度降低以及景区环境质量下降等问题。

以厦门鼓浪屿为例。据统计，目前鼓浪屿所有民宿的总床位已经超过7000张。由于这种爆炸式的增长，很多民宿在建设的时候对岛上原有的风貌环境造成很大的破坏，对景观效果也有很大的影响。同时，许多无证或证照不齐的民宿，存在安全隐患。民宿的失控发展，急剧超越了鼓浪屿基础设施的承载能力，导致用电、用水、环卫等资源高度紧张，同时也严重影响了居民的正常生活。为此，鼓浪屿拟出台相关规定，对民宿提高标准要求，明确表示10间房以下的住宿地点不能称为民宿[5]。

对于民宿而言，其主要卖点并不是民宿的规模，而是民宿本身所包含的文化资源的独特性。如果民宿可以给客人带来强烈的心灵震撼，那么游客也愿意为一间茅草屋花费较大的代价。简单地用房间数量、面积或装修是否豪华来界定民宿，并不能真正促进民宿发展。如何对民宿进行合理界定？不同的国家有着不同的标准，但就国内而言，由于民宿尚属于较新生的事物，所以尚无统一标准。例如，就经营规模的大小而言进行划分，我国台湾认为民宿可以出租的房间不应超过5间（特色民宿扩大至15间）。

民宿的消防安全、餐饮、卫生、环保等问题尚不能达成一个行业内普遍认可的标准是界定民宿标准中遇到的另一个重要问题。由于国内民用住宅在消防、卫生以及环保等多方面没有任何具体要求和明确规定，而民宿很大程度上依托民用住宅进行某种程度的改变，然后开展经营活动，因此政府部门希望游客和经营者的安全等方面的问题都能够得到保证，这也是现阶段政府部门较为棘手的问题。

1.1.3 我国发展特色酒店的现实基础

国外精品酒店已经进入了蓬勃发展阶段，除了单体精品酒店之外，传统酒店管理集团以及有实力的房地产企业纷纷涌入精品酒店市场。由于精品酒店独特的文化底蕴、其较精准的市场定位以及注重个性化的服务方式和营销管理方式，在传统酒店业的竞争中往往能够占据较为主动的位置，同时有着较大的价格增长优势和较高的利润空间。但就国内精品酒店的发展状况而言，由于起步较晚尚处于探索阶段，无论是在管理经营模式还是酒店主题风格等方面，与国外较成熟的发展模式相比，还存在一定的差距。但是由于国内庞大的市场需求，精品酒店在中国依然具有较好的前景。

虽然我国精品酒店在国内的发展尚处于萌芽阶段，但是在北上广等经济发达地区已经具备了精品酒店发展的条件和基础。主要可以归纳为以下几点：

1.1.3.1 体验经济背景下的消费升级，为精品酒店发展提供现实基础

美国经济学家约瑟夫·派恩和詹姆斯·吉尔摩在《体验经济》中说道：体验经济时代已经来临。在体验经济时代消费者有着全新的消费观念。从消费结构来说，现今消费者更加关注产品和服务情感需求；在消费内容上，大众化、标准化的产品不再是消费者所追求的，消费者更加关注个性化、人性化的产品；从追求的价值目标来看，消费者观念正在发生改变，从注重产品本身转变为消费过程中消费的附加值。由于这样的转变，传统酒店产品越来越不能满足客人日益变化的消费需求，此时，精品酒店的出现在既满足消费者需求的同时也弥补了市场上的空白，因此获得了长足的发展空间，顺应了市场发展需求。精品酒店不但要具备传统酒店清洁、舒适、周到以及卫生安全等诸多基本要素，还需要注入全新的体验元素，主要通过酒店内部布局、环境营造，给宾客一种特殊的入住体验；通过提供个性化的服务使宾客能够在享受服务中得到自我满足，享受到精神的愉悦。随着消费者观念的改变以及需求升级，消费者对精品酒店服务产品的个性化、时尚体验的追求将会变得更加明显。

1.1.3.2 中国经济快速发展以及开放的贸易投资环境，为精品酒店在国内发展提供了更大的可能

由于精品酒店定位高端消费人群，因此，随着中国经济的快速发展，高收入人群所占的比例越来越大。这种现象的出现为精品酒店提供了广阔的客源市场。据报道显示，上海国际顶级私人物品展开展前3天，就有将近7000位富豪到达上海进行采购，直接成交金额高达2亿元人民币。而根据《福布斯》和胡润中国富豪榜中的数据显示，首富所拥有的资产高达100亿元以上，第10名的富豪也在50亿元以上。这些数据都说明中国的富人阶级已经初具规模。而这些人群将成为精品酒店在中国的主要消费群体。与此同时，中国开放的贸易投资环境将会吸引更多的外资企业在华投资，这将会给我国精品酒店带来大量的高端商务客人。此外，随着旅游业的发展，中国已经开始成为世界最大的旅游目的地之一，因此将吸引大量境外游客的涌入，因此势必会给精品酒店带来更多的高端客源。

1.1.3.3 国内丰富的人文与自然资源，为精品酒店提供更多的素材

特色文化和主题是精品酒店区别于传统酒店的主要特征之一。我国历史悠久、幅员辽阔，拥有许多极具特色的人文以及自然资源，这些都能够为精品酒店

提供丰富的环境和文化主题题材。例如四川九寨沟、广西桂林山水等众多优美的自然景观，可以为建设地域型精品酒店提供较为独特的资源素材；中国悠久的历史文化、众多历史典故及富有浓郁中国特色的古代建筑群可以为主题型精品酒店提供特色主题。所有这些资源都是中国发展精品酒店业的独特优势。除此之外，改革开放至今，众多现代化发达城市对外开放程度较高，如北京、上海、深圳等地区，这些既是精品酒店消费群体的主要集中区，又成为世界时尚潮流的汇集地，因此，这些国际化大都市为发展精品酒店提供了地域上的优势，同时能够为开发时尚型精品酒店提供丰富素材。

1.1.3.4 国内酒店业国际化程度高为发展精品酒店提供管理经验上的支持以及借鉴

随着改革开放程度的不断深化，中国的酒店业进入了快速发展时期。虽然同欧美发达国家的酒店业市场相比，国内的酒店市场还不够成熟，但是中国的酒店业是国内最早开始与国际接轨的行业。经过30多年的发展和积累，中国酒店行业的规模已经达到一定的水平，在品牌、品质及管理水平与经验等方面逐步接近国际水平。尤其是在国内经济较发达的省份和地区，高星级酒店经营水平较为理想，这也为中国精品酒店的发展提供了管理经验上的支持。

1.2 特色酒店概念及特征

1.2.1 特色酒店概念

特色酒店即在普通酒店结构的基础之上加上综合的设计元素后，彰显着不同文化或气质底蕴的酒店。酒店或饭店一词的解释可追溯到千年以前，早在1800年《国际词典》一书中写道："饭店是为大众准备住宿、饮食与服务的一种建筑或场所。"一般说来就是给宾客提供歇宿和饮食的场所。具体地说饭店是以它的建筑物为凭证，通过出售客房、餐饮及综合服务设施向客人提供服务，从而获得经济收益的组织。特色酒店的定义是设计上的高度创造性和非通俗性，主要区域的设计与常见酒店有明显的区别，有取自某种文化背景、文化素材和艺术形式的主题是设计原则，并将这一原则有机地贯彻到酒店的全部经营区域中，酒店宣传、经营和服务都围绕已有的设计原则展开，并发展成为所在城市或地区的文化标志之一。目前对于特色酒店的分类没有统一的标准，本书将特色酒店分为精品酒店、主题酒店和民宿①。特色酒店在设计时对灯光、客房、墙面、服饰等方面都有具体的要求。

1.2.1.1 灯光设计

在酒店装修设计中灯光设计具有技术性，在照明技术的选择上，应当尽量结合酒店装修设计的需要，采用最新的技术，更好地来满足酒店装修设计之后的照明需要。在酒店装修设计中应当注意节能性，在选择灯具的时候应当以节能作为标准，尽量选择既节能又有保障的灯具。酒店装修设计之后灯具的样式选择还应当能够适合酒店装修设计的整体风格，应与酒店装修设计相配，否则只能使灯具看起来不能融于酒店装修设计之后的整体效果。在酒店装修设计中照明应当有侧重点，对艺术品、壁画等装饰应当进行特别的照明设计。

1.2.1.2 客房设计

在酒店装修设计客房中最重要的就是床了，因为床是顾客休息用的，所以选择上一定要充分考虑客户的感受。酒店装修设计的时候客房内的穿衣镜最好不要安装在门上，这样会增加门的负重量，容易使门变形。酒店装修设计中客房内的灯光不要太亮，这样会影响顾客休息，酒店装修设计中可以设置一个床头灯，为顾客提供更便利的服务。酒店装修设计衣柜门的合页和轨道尽量选择钢质的或者铝质的材料，这样不容易产生太大的噪声。

1.2.1.3 墙面处理

酒店装修设计时墙面材料一般采用石材、瓷砖和幕墙的居多，而有的酒店装修设计时建筑外墙则采用涂料。如果是建设新的酒店可以根据设计一次到位。如果酒店装修设计改造，可不打掉石材和瓷砖，而是直接在上面做一层专用腻子。这样做的另一个作用就是防潮。

1.2.1.4 制服

随着现代酒店行业的蓬勃发展，酒店间的竞争愈发激烈，为求发展各大酒店纷纷在餐饮和客房两大方面做足了工作，要想真正提高自己的竞争力，酒店制服可以说是酒店的特色之处，它将令酒店变得更加精致，在酒店业中闪闪发光。

---

① 近几年新兴起的特色酒店中野奢型特色酒店尤为瞩目，本书没有将这一酒店类型作为一个大的分类，但是在第三章中会对其设计方法、原则等进行阐述。

酒店制服的制作应该从以下几个方面入手：实用性、协调性、特色性、周期性。首先要考虑到实用性，对于酒店清洁工来说不宜穿裙装，这将影响到他们的质量和效率；对于维修工来说，制服上应该多配几个口袋，以便放一些小型工具等。其次是协调性，酒店制服要和酒店本身色调搭配，依据所处环境不同设计不同风格的制服，如一些农家风味浓厚的特色饭店，若服务员西装革履，总会显得不太合适，若是穿中式蓝花服装，则与环境在风格上统一协调，也会让客人进一步感受到"原汁原味"的中式文化享受；然后，制服要有特色性，不同民族开办的饭店、酒店要有所不同，酒店应该根据自身的不同地点，通过服装的方式展现出当地的特色，不要拘于一格；最后是酒店制服的周期性，根据季节的不同选择不同的制服，一般要两三年更换一次以保持制服的新鲜度。不一样的制服给顾客带来的感受不同，酒店制服让酒店变得更加精致，这是提升酒店竞争力的捷径。

1.2.1.5 文化设计

在酒店设计时，从历史素材、城市发展和故事情节衍生的主题素材，从建筑及其环境的功能性到其内外部的设施氛围、服务形式的元素，几乎都给顾客带来独特体验。将"某种文化"系列性和传承性的形式融入经营中来，如新奇的建筑样式及特色化、刺激化的服务方式让消费者在独特的文化体验中感受酒店特色。开发特色酒店，无论对酒店本身还是对酒店所在的城市而言，都是一个文化亮点。而文化一旦渗透到经济的肌体中就会产生强大的附加值。

1.2.2 精品酒店概念及特征

1.2.2.1 精品酒店概念

精品酒店是20世纪80年代在美国等西方国家出现的一种新的专业酒店类型，相对于大型酒店集团旗下的标准化酒店而言，它的经营理念就是通过精致的设施和幽雅的环境塑造出尊贵品位和文化氛围，以及提供的高品质个性化服务，为客人营造一种家的感觉和最接近梦中精致生活的家园。但目前为止，业界以及学术界都没能够给复杂多变的精品酒店做出详细、具体的界定。但是，多数专家以及学者对精品酒店存在以下几点共识：独特的外观建筑，浓厚的文化氛围，高雅的品位格调，精巧的室内装饰，贴心的个性化服务，较小的经营规模，特定的顾客群体以及昂贵的服务价格。与传统的星级酒店不同，精品酒店更加强调私人服务，独特的风格设计以及更为考究的服务产品细节，它们可以为宾客提供在传统星级酒店之外更加具有特色的选择。尊贵的品位格调、浓厚的文化氛围以及高品质的个性化服务，是构成精品酒店最核心的几个方面[9]。

国内外学者对精品酒店概念及其内涵做了诸多研究，公共组织和政府部门也对这一特定业态的发展提出了规范性意见。

（1）学术界定义

目前，学界没有形成对"精品酒店"这一概念正式、明确、权威的定义。学者们通过文献综述、深度访谈等方法探讨了精品酒店的定义，并分别提出了自己的观点。例如：Hartesvelt（2006）总结了以往研究中对精品酒店的普遍认识，提出了精品酒店的普遍特征[10]，如表1-4所示。

表1-4　精品酒店特征描述

规模	精品酒店的客房数在20~150个，200间客房以上的酒店在为客人提供个性化服务方面可能会更加困难。
高档	精品酒店的档次至少要达到四星级标准。
餐厅	精品酒店大多拥有一流的餐厅。
不面向大型团队	精品酒店的会议场所规模有限，否则将失去独特个性。
建筑	典型的精品酒店的建筑来自于古老的有特色的建筑。
区位	地理位置对精品酒店来说不如连锁酒店那么重要。
大堂	精品酒店的大堂比传统酒店小，为客人创造一种私密感。
利润	运转良好的精品酒店拥有较小的运营成本和较高的利润率。

Wheeler（2006）通过为房地产投资商和开发商提供精品酒店发展资料为目的，对精品酒店的定义及盈利能力进行了研究。在访谈精品酒店投资商和酒店学者的基础上，Wheeler给出了精品酒店的三个关键词——小巧、独特和精致，并从定性和定量两个角度对精品酒店做了界定。从定量角度，精品酒店的客房少于200间，会议区域的面积小于约186平方米；从定性角度，精品酒店是当代风格的、拥有一个地域独特气质的、优雅舒适的、再利用城市里的古老建筑、面积紧凑的酒店。他将精品酒店与传统的单体酒店和品牌连锁酒店进行了概念上的对

比，如表1-5所示。

表1-5　精品酒店、单体酒店和品牌连锁酒店的定义比较

酒店类型	定量描述	定性描述（总体风格）
精品酒店	客房少于200间；会议区域的面积小于约186平方米。	拥有一个地域独特气质；优雅舒适；再利用城市里的古老建筑；面积紧凑的酒店。
单体酒店	客房多于200间；会议区域的面积多于约186平方米。	通常是地标性的建筑；独特的；单体经营管理；相对传统的风格。
品牌连锁酒店	任意客房数量和会议区域。	连锁品牌提供了强有力的品牌一致性；由连锁品牌负责经营管理。

　　杨方东（2007）也通过为房地产开发商进军精品酒店提供信息的角度总结了精品酒店的基本特征：规模小；为高端客人量身定做的产品和服务；推崇"管家式服务"；品牌形象能体现顾客形象从而形成自我形象认同。

　　另外，上海现代都市建筑设计院专门成立项目组对精品酒店进行了研究。项目组从精品酒店运营的角度出发对精品酒店的特征和内涵进行了理论上的界定。结果认为，精品酒店的选址要遵循三个原则：中心城区、历史文化街区和城市标志性热点区域。具体而言，小型精品酒店客房数一般低于50间，稍大型、并且由著名酒店管理公司进行管理的精品酒店房间规模一般在200间左右。在功能配套设施上，精品酒店功能可基本划分为：基本功能，包括客房、大堂和餐厅（外包）；增值功能，包括SPA、酒吧、小型会议区域以及书吧等区域；商务功能，严格意义上来说商务功能不属于精品酒店的主要经营范围，但目前稍大型的精品酒店大多具备商务功能。

　　（2）公共组织及政府部门定义

　　世界精品酒店组织对精品酒店做出了如下描述：精品酒店通常用来形容亲密、奢华或者特别的酒店环境。精品酒店与其他传统的连锁型酒店、品牌酒店以及汽车旅馆的区别在于，精品酒店可以为宾客提供特殊、贴心而富有个性化的服务产品以及住宿设施。通常来说，精品酒店的规模较小，但是可以提供更加优质的服务。土耳其文化与旅游部将精品酒店定义为"至少拥有10间客房，达到相关酒店法规的基本要求；酒店在建筑、设计、装修和使用物品上有独特特征；管理和服务人员具备专业素质以提供个性化服务"（土耳其文化与旅游部2005年第43

号文件）。

我国国家质量监督检验检疫总局以及国际标准化管理委员会在2010年10月18日发布了国家标准《旅游饭店星级的划分与评定》（GB/T 14308—2010），以下简称"标准"。在"标准"中指出"对于以住宿业为主营业务，建筑与装修风格独特，拥有独特客户群体，管理和服务特色鲜明，且业内知名度较高的旅游酒店的星级评定，可参照五星级的要求"。国家旅游局组织部分标准修订人员和专家学者对"标准"进行了释义，他们认为"标准原文指向的是可申报五星级的精品酒店"，并给出了精品酒店的基本特点：主题性，酒店具有独特的氛围和个性魅力；差异化的酒店环境，服务品质为社会认可；特殊的客户群体，目标顾客具有特定的品位和较高的支付能力；服务个性化、定制化、精细化。

1.2.2.2 精品酒店特质

本书将精品酒店的特色概括为以下几点，试图更加准确地反映其特质：

（1）关注区位选址

精品酒店按照地理位置划分可以分为：城市精品酒店、名胜区精品酒店。城市精品酒店对于酒店选址的要求较高，通常选址在邻近城市服务设施或者代表城市形象的建筑群、广场以及具有历史或时尚气息的街区等，从而依靠带动效应，精品酒店能够获得巨大商机。名胜区精品酒店在具体的选址上有一定的灵活度，凭借得天独厚的自然环境吸引住客，为其提供情趣化的空间体验[11]。

（2）不追求规模

正如精品酒店创始人之一伊恩·施拉格所言："如果将不同的酒店集团比作百货商店，那么精品酒店就是专门出售某一类特色商品的小型专业商店。"精品酒店规模通常不大，但是具有客房宽敞，酒店设施高档、别致的特点，并且其客户群体一般经济条件较好，喜欢追求时尚，宾客通常具有较高的欣赏品位。由于精品酒店作为特定人群的消费商品，是酒店业中高消费的代表，它既有五星级酒店的客房环境，又体现出对文化和品位的追求，因此有的精品酒店价格高于星级酒店[12]。

（3）提供个性化服务

精品酒店之所以能够被称为精品，关键在于其可以提供较高的环境水准以及满足消费者的个性化需求。精品酒店之所以称为精品主要在于其总能在细微之处打动人心，并且以其特有的"管家式服务"为消费者提供全方位的周到服务，所营造的"专属感"往往让宾客流连忘返。

（4）设计彰显独特形象

精品酒店一般会通过营造鲜明的酒店形象、独特的视觉效果，与其他传统高星级酒店千篇一律的酒店形象区分开来。精品酒店在建筑设计方面更加讲究风格的特色化、独特性以及亲切感和私密性，不论是酒店外部建筑形象方面的塑造还是酒店内部空间氛围的营造都需要设计品位独特和超前。

1.2.3 主题酒店概念及特征

1.2.3.1 主题酒店概念

主题酒店是指以酒店所在地最有影响力的地域特征、文化特质为素材，设计、建造、装饰、生产和提供服务的酒店，其最大特点是赋予酒店某种主题，并围绕这种主题建设具有全方位差异性的酒店氛围和经营体系，从而营造出一种无法模仿和复制的独特魅力与个性特征，实现提升酒店产品质量和品位的目的。

国内外学者对主题酒店的概念内涵做了许多理论上的研究，同时一些公共组织以及政府部门也对主题酒店的发展提出了一些规范性意见和建议。

为了应对全新的酒店行业发展趋势，需要迅速在行业内做出改变来应对这样的变化。主题酒店就是在这种改变中应运而生的。主题酒店对于中国来说是一个外来词汇，按照行业对它的定义，它应该是专为新型消费群体定制的具有时尚、个性风格，讲求私密、轻奢的住宿体验，提供贴心专属服务的高品位酒店。20世纪80年代，主题酒店开始诞生于欧美国家，是市场需求的产物。与传统星级酒店比较而言，主题酒店在设计、经营过程中将一个主题始终贯穿于其中，在服务上主题酒店通过确定不同的主题来满足特定类型宾客的个性化需求。其主要竞争优势在于自始至终对细节的追求。细节化的管理贯穿于整个主题酒店的布局设计、环境、人员服务的服饰以及酒店内部装饰物件的摆放等各个细节；细节之处的完美以及服务的无微不至能够时刻给宾客带来惊喜，同时满足客人心理需求。依托资源优势，主题酒店将会拥有更多的设计素材和灵感。从这个角度来说，国内主题酒店市场将会成为酒店行业重要的细分市场之一，具有较大的发展潜力和空间。书香酒店投资管理集团作为中国主题酒店的先行样板，经历了近十年的摸索，酒店将主题定位于后工业时代两项最重要的转变——休闲与学习的融合。酒店通过根植于中国文人文化清逸、优雅的特色服务，营造使消费者身心愉悦、诗情画意的起居空间，从而使呈现身心合一的和谐之美的细节得到展现[13]。

1.2.3.2 主题酒店特征

主题酒店一般都会依托特有的文化背景（诸如电影人物主题、汽车等工具主题、历史文化主题、少数民族文化主题、茶文化主题、酒店文化主题等），主题酒店强调集差异性、体验性以及独特性为一体。主题酒店的独特性强调主题鲜明要有与众不同的特色，这样才能在同行竞争中脱颖而出；主题酒店的差异性体现在布局设计中设计者对于内涵的追求，要始终能体现主题酒店的特色；而体验性是指主题酒店通过为宾客提供与众不同的体验来获得盈利实现经营目标，主题酒店的体验性是其最本质的要求。

（1）差异性

主题酒店的差异性是主题酒店区别于传统酒店以及与同类型酒店竞争中保证自身优势的主要因素。传统酒店行业强调标准化，因此同质化现象较为严重。而主题酒店行业更加强调差异化竞争。主题酒店的差异化可体现在布局设计、文化背景或者服务体验等方面。通过实行差异化经营战略达到酒店竞争目的，实现酒店盈利目标。

（2）独特性

主体酒店的主题风格各式各样，不同的酒店有着自身独特的风格。同时主题酒店之间的独特性主要来源于主题文化的差异，以及在酒店设计建造、经营过程的细微差别。这些差异能够给宾客带来不同的住宿体验。主题酒店一定要确定独特的创意与有差异的主题，只有这样才能形成最终的特色化经营，从而在酒店业培育其核心竞争力。

（3）文化性

主题酒店的文化与一般意义上的酒店文化是两个不同的概念，酒店是提供服务的场所，因此，酒店的核心应该是服务文化；而主题酒店的文化是以酒店文化为基础，体现在以下几个方面：以人文精神为核心，以特色经营为灵魂，以超越品位为形式。文化是人类的物质财富和精神财富的总和，所以主题酒店也可称为文化主题酒店。任何一个主题酒店都是围绕主体素材来挖掘相应的主题文化，文化主题酒店更加突出了主题酒店的文化性。

（4）体验性

主题酒店追求差异，但这并不意味着主题酒店之间只有差异，在本质上主题酒店之间是相通的，那就是给顾客的体验性。标准化、规范化的服务带给顾客良好体验是现代酒店的核心，主题酒店的发展同样有相同的模式。

1.2.4 民宿概念及特征

1.2.4.1 民宿概念

民宿实际上是指一些特色家庭旅馆。国外家庭旅馆式民居起源于"二战"之后的英国。主要包含两种形式：一是B&B（Bed and Breakfast），即民宿主要提供床位和早餐；二是Guest house，即家庭旅馆。在国内，家庭旅馆主要是伴随着国内游的兴起而逐渐形成的一种特色旅游住宿产品，包括民居旅馆、个体旅馆、农家旅馆、青年旅馆等不同形式。都是指利用当地特色民居作为接待游客的载体的特定的住宿设施。客栈为古代酒店的称号，现在是介于传统的经济型酒店和星级酒店之间的特色住宿形式，业内并没有统一明确的概念。

客栈是指以游客为主要服务对象，位于旅游区或旅游城市的小规模、特色化、注重体验的个性化住宿形式。广义上，包括民宿、家庭旅馆、农家乐、古城古镇或历史文化特色浓郁地区的特色客栈；狭义上，仅指后者（见表1-6）。

表1-6　客栈与民宿对比

	客栈（狭义）	民宿（B&B）
共性	大多为民居改造而成，住宿规模小	
概念	古代酒店的称号，国内专有，泛指规模较小，建筑、装修、服务具有当地文化特色的一种住宿类型	利用自用住宅空闲房间，结合当地人文、自然景观、生态、环境资源及农林鱼牧生产活动，以家庭副业方式经营，提供旅客乡野生活之住宿处所
特色	富有当地文化特色，多采用传统建筑，如木质楼阁、四合院落等	多采用农庄民宿形式，与乡村旅游结合
国内重点区域	丽江、大理、阳朔、西塘、杭州、厦门、北京等	台湾、秦皇岛北戴河
国外重点区域	/	日本、欧陆国家乡村地区
生长环境	古城古镇或历史文化浓郁的旅游城市	乡野地区

注：二者无严格、明确的界定，国内依据各地用词习惯混淆使用，如厦门将客栈与民宿混淆。本书为了阐述清晰，统一采用民宿这一说法。

民宿是介于传统的经济型酒店和星级酒店之间的特色住宿形式。经济型酒店和星级酒店主要强调位置和舒适度，民宿更多体现当地文化。作为度假住宿的主要载体，民宿所提供的将不仅仅是"住"的功能，因此不同于设施简陋的旅馆。从某种程度上来说，民宿并不是旅行或者商务旅行中短暂的栖身之地，而是能够为游客提供一种旅游体验以及一种休养生息的载体。在这种前提下，"住"则不是旅行社最在意的元素，民宿的氛围、情调、设计等能让人身心愉悦，有别于其日常周遭，就能让客户有新的体验。

1.2.4.2 民宿的特征

与传统的酒店相比，民宿的优势在于民俗文化。经济型酒店和星级酒店主要强调位置和舒适度，民宿更能体现当地文化。而与传统经济型酒店和高星级酒店相比，民宿的经营模式令其具有一定的价格优势。

民宿是所在区域内自然地理资源和人文地理文化组合的产物，具有本地感知形象，常常会受到本地经典文化与流行文化的双重影响。大多数民宿分布在景区周边，体现出当地原生态的民俗、民风，并且多数民宿都具有较好的地理位置，能够方便游客外出游玩。同时，民宿一般比较开放，这样有助于旅游者之间的相互交流。通常民宿老板都非常热情细致，十分了解当地设施文化，可以熟练地为游客介绍当地历史文化、美食美景。为游客的旅行活动增添更多乐趣。

（1）规模小

客房数一般在50间以下，多为民居改建而成。

（2）价格低

价格区间在当地住宿行业中属于中下水平。

（3）有特色

在建筑、装饰与服务上都更多体现当地文化，如院落建筑、民族风情、供游客欢聚分享的公共开放空间等。

第二章　特色酒店文化特色定位与设计表达

2.1 特色酒店设计影响因素及其发展趋势

2.1.1 市场需求对特色酒店设计的影响

营销与设计工作都是随着经济、社会发展演进而来的。在酒店市场日趋激烈的竞争环境中，只有通过营销才能让酒店业更好地发展。所有的营销活动都需要良好的设计来支撑。设计需要了解市场才具有竞争力，同时还需要按照营销的原理和规则展开设计工作。换句话说，营销是实现设计的重要手段，而良好的设计则是决定营销活动是否能够成功的关键。因此，营销活动和设计工作之间的良好的互动，一方面可以赋予设计的灵魂，另一方面也可以使营销起到事半功倍的效果。总体来说，营销与设计是现今市场竞争中不可或缺的部分。换句话说就是不管什么行业要想把产品推入市场就必须了解和满足消费者需求。设计方案需要满足市场的需求，因此消费者的需求和态度决定了产品设计的基本方向。只有在充分了解市场需求的基础之上才能更好地进行产品设计。

2.1.1.1 市场需求对精品酒店设计的影响

随着体验经济的到来，传统的标准化酒店逐渐显得暗淡与乏味。此时精品酒店不断涌入人们的视线，精品酒店的出现为酒店业的发展创造巨大市场空间。但就目前而言，我国精品酒店行业仍处于发展和探索阶段，虽然饱受争议，但是在体验经济背景下精品酒店符合时代发展的要求，得到了长足的发展。

精品酒店的飞速发展激起了人们对酒店行业设计的重新考量，并创造出了巨大的利润空间。许多设计感不俗的作品大大增加了人们的体验欲望。在消费过程中不仅仅是酒店富有设计感的空间与氛围，重要的是能够让宾客体验这一次经历所带来的惊喜和难忘的情感体验。在这样的极度重视消费者心理以及情感诉求的空间中，设计师必须化身为消费者和经营者，设身处地地去感受市场的现状与需求，通过对经营模式的了解全面把握消费者内心诉求，这样设计出来的产品才能更加深入人心，并使得酒店能够在激烈的竞争中发现自己的价值和生命。

（1）基于消费需求的人性化设计

在精品酒店中，对于人性的关怀不仅仅需要体现在空间功能的设计中，更需要用空间情感的营造突出对人性的关怀。人性化设计中所强调的"人"是指随着社会的发展而在不断变化的"人"，它是动态而不是静态的。因此，需要设计者在了解空间属性、酒店市场需求的同时，更进一步地去关注精品酒店行业消费者的需求。在市场需求的影响之下精品酒店强调人性化设计应具备以下特征：

首先，充分了解消费者的内在需求。由于消费者是精品酒店空间的主要使用者，因此消费者的喜好需求决定了精品酒店经营的成败。只有充分理解消费者的目的和需求才能设计出符合市场要求的产品，脱离消费者意图的设计将变得空洞而失去生命力。精品酒店要以消费者的感性需求作为先导，更加关注情感设计，力争做到让消费者产生带入感，并能够产生身临其境之感。

其次，多对消费者的生活情趣进行了解，有助于设计师把握更多设计细节。由于精品酒店设立的目标群体主要针对具有一定消费能力的人群。这些人群讲究生活质量，享受更高层次的生活。在这样的条件下，多了解消费者的兴趣爱好以及生活情调是非常重要的，可以使设计者更好地把握设计空间的细节与品位。

最后，设计者需要了解消费者的年龄以及职业特征。精品酒店拥有较精准的市场细分群体，因为细分市场的顾客群体在某些方面具有一定的相似之处，例如年龄、品位、消费偏好等。充分了解消费群体的共性能够使酒店在设计中更好地把握人性化的设计原则，设计出更符合消费者期望值的产品。

（2）基于市场定位的个性化设计特征

精品酒店的设计极具商业代表性，因为酒店的空间布局设计可以从很大程度上反映出酒店行业的设计潮流，同时在某种程度上能够代表着城市的形象。随着经济的快速发展，人们的物质生活不断提高，因此人们对精神生活有着更多的追求。人们追求自我认同，需要体验个性化的服务产品已经成了一种趋势。因此，"个性化"已经成为精品酒店设计需要强调的重中之重。例如，在美国的马德里酒店，酒店在设计之初邀请了13个国家近20位最顶尖的设计师参与设计。该酒店共13层，每一层都是由不同的设计师完成的。酒店在室内设计、灯光、布局以及外观建筑上都无可挑剔，宛如一座文化博物馆。

（3）基于消费行为的娱乐休闲化特征

精品酒店要表达的是一种对高层次以及更加休闲化的一种"生活方式"的追求。希望消费者能够在体验中享受精品酒店的娱乐性以及休闲化的特征。娱乐性同样也是一种重要的体验形式，它将商业性、创造性以及艺术性进行有机融合，在娱乐性设计特征中要把握以下几个要素：

首先，趣味性。在娱乐休闲化设计中归根结底是要将"玩"这一要素始终贯穿于整个设计中。消费者崇尚趣味性较强的产品是普遍存在的事实。因此，在精品酒店设计中需要打造一批趣味性较强的产品，满足消费者需求。娱乐性设计可以通过不同方式表达出来，例如，可以通过形式的创造为消费者提供一些幽默甚至是戏剧性的情感体验，同样也可以借助某些科技平台营造出惊人的、滑稽的以及令人兴奋的体验经历。在南非Old Mac Daddy拖车酒店，该酒店以拖车的形式颠覆传统酒店的定义，创造出大胆且充满趣味性的客房空间，每个客房都是一场色彩的盛宴[5]。

其次，吸引性。吸引性是消费者与酒店之间建立的一种密切关系，与此同时使宾客产生希望能够亲身体验的欲望。

最后，能够创造价值。精品酒店娱乐性设计要求能够为酒店创造经济价值，同时宾客也可以通过体验娱乐性的活动改变自我，从而提升自我价值。

2.1.1.2 市场需求对主题酒店设计的影响

一个优秀的主题是否意味着依托这一主题必将长期获得市场的认可？答案是否定的。位于呼和浩特的大观园酒店就是个典型的案例，虽然拥有较好的主题，但是在市场上的认可度却不如预期。探究其原因，最关键的问题是酒店经营工作是否能够做到位。主题酒店最重要的卖点就是其主题文化，因此在经营策略上必须依托这一中心，而这也是主题酒店与传统标准化酒店最大的区别之处。

（1）充分发掘主题的文化基因

深厚的文化底蕴是主题酒店形成自身鲜明特色以及独特个性的灵魂和关键要素所在，更是形成主题酒店商业号召力的核心因素。目前，我国大部分主题酒店在视觉识别系统等硬件设施的建设方面比较重视，但是深度挖掘其文化内涵是软肋。主题酒店只有对其文化内涵进行深度挖掘才能不断促进酒店产品的创新与改革。除了要在客房、餐饮等功能区域进行不断更新和延伸之外，还需要将主题文化与酒店服务相结合。例如四川都江堰鹤翔山庄为了能不断挖掘酒店的主题文化内涵，从而对主题酒店产品进行创新，专门设立了主题文化研究专员。酒店力求做到主题文化产品逐年丰富、花样翻新。北京东方饭店主打民国文化，成立了文化企业部。目前，东方饭店拥有民国主题客房、咖啡屋、餐饮、"民国记忆"购物店、民国主题舞厅、电影厅。2011年辛亥革命100周年，酒店策划一系列主题的文化活动，例如，举办百年辛亥题材艺术作品展销、民国民俗手工艺演示、民国文化礼品纪念品展销、民国收藏品拍卖以及民国传统美食月、民国文化演艺周等。

（2）充分发挥主题的体验效应

众所周知，体验型经济是时代发展的潮流。主题酒店可以依托自身独特的主题文化魅力，通过打造不同的主题活动来满足不同消费者的体验需求。如猎奇需求、文化审美需求、追求娱乐时尚体验需求等。魏小安先生认为主题饭店的核心就是以酒店为载体，文化内涵为主题，消费者体验是本质要求，通过一系列的服务以及活动安排，使消费者感到身心愉悦，获得知识与享受。可以这样说，主题酒店的可参与性与体验性的融合是其能否成功经营的关键因素。缺少主题体验的主题酒店将会大大降低顾客的满意度。因此，主题酒店经营过程中不断推出、设计出新的与主题相关的活动，并以此推出酒店专属的品牌主题活动。例如在"黄梅之乡"安徽省安庆市的黄梅山庄酒店，这是中国首家以地方戏曲文化为主题的酒店。酒店在设计过程中将酒店文化和黄梅戏文化巧妙地结合在一起。酒店不仅设有"黄梅宴""黄梅客房"，同时还策划了一系列活动来突出主题。到店旅游不仅能够在酒店内欣赏地道的黄梅戏表演，同时也可以亲身参与到角色扮演中，体验下黄梅戏的感觉。

（3）构建具有主题文化特色的高素质员工队伍

主题酒店经营成功与否的关键还在于其是否具有一支主题特色鲜明的员工队伍。都江堰鹤翔山庄的创始人安茂成说道，鹤翔山庄之所以能把文化资源较好地转化为资本，就是依靠一支具有鲜明文化主题特色的专业服务队伍。在主题酒店的服务人员不仅是向宾客提供酒店服务的服务员，还应当成为酒店主题文化的载体。某种程度上来说，服务人员所代表的是最鲜明、最活跃的文化元素。酒店的主题文化内涵通过员工与宾客的直接接触更好地表达出来。因此酒店员工需要具备较高的文化素养、深入地了解自身主题文化，这样才能将所要表达的文化传递给每个客人，营造出良好的主题氛围。

2.1.1.3 市场需求对民宿设计的影响

在国内市场，星级酒店长期以来一直是国内酒店行业的主流。但是近些年经济型酒店快速发展，民宿式的住宿设施逐渐发展起来。民宿也成为网络住宿预订的最新热点。

在国内，云南丽江以及厦门的民宿发展较好。数据显示，目前丽江已经有1500多家各类民宿，而在厦门，各具特色的民宿旅馆也是遍地开花。民宿被越来越多的人群所接受，到了旅游旺季民宿在总体上显示出供不应求的状态。民宿的层次也趋于多样化，价格上从几十元到1000多元，类型从简约型到精品型都有分布。

民宿有着氛围佳、个性化、地理位置好等优势。民宿多建于当地的核心区域，民宿服务十分热情周到；规模小，一般以个体经营、散客入住为主。由于巨大的发展潜力，可以对优质的民宿资源进行大规模的整合。例如，携程旅游网在丽江、厦门、阳朔等多个区域，推出了许多丰富多彩的民宿产品，吸引了大量年轻群体前来体验。民宿已经成为增长最快、关注度最高的产品之一，将逐渐成为一种主流的出行住宿选择方式。许多业内人士纷纷表示，民宿的快速发展代表了国内休闲度假旅游以及旅游散客化的一种新的趋势。比如，到丽江古城，住民宿不仅仅是解决住宿问题，还可以体验古镇独特的纳西人文风情，把自己融入整个古城之中，是与目的地文化以及不同文化背景的游客交流的一种方式。

现今许多民宿都是依托原有民居而建，但是随着行业的不断发展，现代民宿行业开始融入更多的现代化因素，若想让传统民居获得新的生命就必须赋予其新的灵魂。换句话说，就是民宿文化的精髓必须要与中国传统民居更好地融合，使民宿同时拥有新、旧文化性格。一方面能够给消费者带来新鲜感，但更重要的是能够给予消费者一个不一样的体验环境。

民居在改造中的要点如下。

（1）民宿的地域性和社会背景差异。我国幅员辽阔，因此各地民居建筑风格也不尽相同。所以，在民居改造过程中应尽可能尊重地方特色，做到因地制宜地处理民宿空间风格的营造。我国传统民居差异性主要体现在以下三个方面：空间上，北方内敛，南方开敞；结构上，北方多为抬梁式和井干式，南方多为穿斗式和干栏式；艺术风格上，北方多轴线对称，色彩丰富，南方多自由迂回，清雅精致。与此同时，在对民居进行改造的过程中，最重要的是与当地文化相适应。正是由于地域差异性的存在。所以对传统民居的改造就会产生风格迥异的民宿类型。

（2）空间意象的塑造。民宿最重要的职能就是以自身特有的文化内涵满足消费者的体验需求。民宿空间意象的塑造应该以自由和舒适为主。在进行空间意象塑造时，可以将传统建筑的内部空间意象加以保留，并通过直接的方式保留原始的面貌以及空间逻辑结构，使得民宿可以一种最谦虚的姿态同传统空间保持相和谐的状态；或在民宿改造的过程中，在保持传统民居风格的前提之下，利用当代先进的空间理念使得民宿更好地展现出鲜明的时代特色但又不失传统文化的精髓。

（3）建筑材料的选用。民宿与传统民居的融合，不仅仅是功能上的改变，更重要的是这一过程中精神以及文化内涵的介入。而精神和文化都需要通过建筑材料直观地表达出来。选择适宜的建筑材料能够使民宿建筑保持原有建筑的原汁原味以及与周围环境的融合更加相得益彰，从而凸显出民宿优雅、别致的空间结构，形成鲜明的个性和形象。所以需要尽可能选择富有地域特色的建筑材料，这样一方面使得传统建筑风格与民宿本身更好地融合，同时也有利于建筑材料的再次利用。

（4）通过适宜的技术进行改造。民宿空间与传统民居的融合需要考虑两个方面：首先，如何对传统文化魅力进行保护与传承，并且使其更好地得到认可；其次，如何将现代文明与传统文化更好地融合创造新的民宿空间。对传统民居的改造并不等于将原有的结构、空间布局和空间意象完全地继承或者完全地否定。高水平的改造应该在保留传统民居骨架的同时，加入现代文化从而使其拥有双重属性。在对民居进行改造的时候应该大胆利用现代化科技手段以及技术，在对传统民居建筑风格继承的基础上，充分挖掘其潜能。

（5）建筑外部环境的营造。民宿舒适宜人的外部环境的营造十分重要。外部环境有着先声夺人的优势，人们更倾向于在幽雅别致的环境中开展活动。因此，良好的外部环境对游客来说更加具有吸引力，能唤起人们对民宿的强烈认同感。

2.1.2 特色酒店发展趋势

在全球化的影响下，酒店已经成为人们生活中的一部分。酒店的空间布置得合理与否也成了酒店投资者最为关注的问题。在未来的几年内酒店设计在中国将以一种全新的面貌展示在众人面前。酒店空间布置呈现出更加多样化的趋势，使顾客能更好地享受到酒店的舒适环境，适应人们生活方式的需求。近五年内新一轮的酒店设计正在开始，其趋势主要表现为以下五个方面：

2.1.2.1 设计更加迎合顾客需求

在纽约、东京、巴黎、上海等这些国际大都市，都涌现出了新时期引领潮流的五星级酒店，这些酒店装修设计时，虽然都隶属于不同的酒店管理公司、不同的规模，但是它们都呈现出一些共同的特点：多元化、个性化、全面化的豪华型、主题性、精品类酒店共存。这种趋势告诉我们：现在酒店要求设计更加迎合客人的心理需求，当客人步入酒店时就有一种温暖、舒适和备受欢迎的气氛。

2.1.2.2 设计更加体现地域化

同一个品牌酒店不同的地域下采用不同文化的设计体现出地域的文化特征，当客人入住酒店时就知道身在何方，比如艺术品的陈设、家具的摆放和地毯等，不同的文化背景和地域差异通过这些物品鲜明地表达出来。

2.1.2.3 科技的发展为设计带来了亮点

科技的发展为酒店的设计带来新的亮点，随着科技发展得越来越快，越来越多新的技术、新的材料被运用到了酒店的设计当中，提升了酒店的功能，并且向绿色环保方向迈进了一步。其中客房设计尤有代表性，客房和浴室有了更大的空间，酒店的家具更为考究，灯光、弱电设计细致入微，平面布局突破传统，室内材料及设施更加高档和人性化。这些都成为科技和缜密构思的一个集中的表现，客人就算泡在浴缸里也能够随时方便地操作各种设施、灯光控制和音响等。比如说东京的潘拉苏拉提供一种电话，因为潘拉苏拉就在东京的银座也是东京最旺的一个地区，客人拿着这个电话到室外购物的时候一旦有人来找可以随时找到客人，这就是科技给设计带来的一个新的突破点。所以科技带来舒适已成为今后酒店设计的另外一个重要因素。

2.1.2.4 景观、视线成为新的酒店设计要素

度假酒店和高层商务酒店越来越重视景观视线的重要性，有的高层商务酒

店已经把大堂设在顶层，另外窗外的景色和城市的风光成为不可替代的大堂的背景，从而延伸了整个空间，以往做酒店很喜欢在大堂做一个壁画或者是雕塑，新的高层酒店突破了这样一个传统的构思，北京的潘海雅和上海的潘海雅都是把大堂放在顶层，用这种无可替代的城市景观作为大堂的背景，这种背景应该是更有生命力的。

2.1.2.5 多菜系开敞式的厨房打破了各自独立的风味餐饮

以往做酒店要参考韩式的餐厅、东南亚的餐厅等，这是采用一种开敞式的厨房的手法，没有严格意义上区分室内外的空间，独立餐厅往往由专业的餐厅设计公司来完成也成为一种潮流。我们看到浦东的香格里拉的二期等一些酒店，餐厅往往是由另外一家室内设计公司完成的，而不是整体的室内设计公司，也就是业主想有意创造出一种差异化，让这种餐饮空间独立于整个的室内空间的风格，这也是一种潮流。

2.2 特色酒店文化特色定位

文化是一个酒店的灵魂之所在，能够体现一个酒店的价值观、酒店精神以及酒店的经营哲学等。美国管理学家劳伦斯·米勒在《美国企业精神》一书中说："未来将是全球竞争的时代，这种时代能成功的公司，将是采用新企业文化的公司。"文化在酒店的竞争力中有着至关重要的作用。现今发展较为成功的酒店无一不是蕴藏着深厚的文化底蕴。

酒店的经营理念和文化思想都凝聚在酒店品牌文化中，是酒店文化对外发展的窗口。一个酒店的成功必须首先树立为大众所认同的酒店品牌文化、要有酒店员工都遵守的品牌信念和行为，以此带来大众对品牌文化的认同，并且应百分之百地达成对顾客的承诺，从而构建一个相对成功的酒店集团。

酒店所面向的客户是经常差旅旅行或者旅行经验丰富的高端客户，这一类客户眼光独到、见多识广，寻求较为新颖的主题或者文化。这就使酒店的文化内涵成了整个企业竞争力的核心。本书中对于文化的阐述主要从地域文化、建筑与装饰文化、主题文化三个因素的分析入手。

2.2.1 文化特征对特色酒店的意义

2.2.1.1 文化与象征

不同的特色酒店选取不同的文化作为自身的主题文化，不同的社会、国家和文化都会以不同的方式来观察和打造不同文化类型的特色酒店，从而形成具有主题性、差异性的酒店设计，让我们能够一提到某种特色文化的酒店，脑海里就立即出现一个代表性的地域、文化或时代。这种现象也象征着特定的社会结构层次、历史文化、民族传统或者是世俗及宗教信仰，象征着人们在不同时期的生活需求、道德理念和抱负。

现在很多旅游者，它们的目的就是寻求文化、享受文化、购买文化、消费文化，而酒店业是一种综合性的服务企业，特色酒店文化氛围设计的目的就是要突出酒店的特色文化，让顾客知道该酒店是一家以什么文化为主题的酒店。在酒店中明白消费的目的和意义，从主题文化氛围设计中找到自己所需。鲜明的特色文化是酒店得以生存和发展的资本，通过酒店外观、环境、建筑、内部装饰、服务方式等设计独特的氛围，从而体现出酒店鲜明的文化主题性，同时，还能促进文化的创新和繁荣。

不同的社会文化结构、经济水平导致人们对酒店的不同要求，不同的文化层次也形成不同的现实差距，它象征了这个时代对历史的认识与传承、对科学和艺术的追求、对道德的理解、对信仰的寄托、对视觉审美的体现。显示出物质与精神的统一。

2.2.1.2 审美与情感

与一般的酒店设计相比，特色酒店的审美与情感常来源于人类的精神追求，特色酒店文化特征的设计更能凸显精神文化的价值，特色酒店的设计是创造满足人类精神审美和心理情感归属的精神环境。是从人类的心理精神需求出发，根据人类在环境中的行为心理、精神活动的规律、情感抒发方式，利用心理、文化的引导，结合景观、建设、陈设、室内、材质、家具、创造满足酒店功能，并使人赏心悦目、欢快愉悦、积极向上、流连忘返的精神环境。

2.2.1.3 品牌与价值

在当代，凡事都在讲究品牌效应。品牌讲究的就是独特、质量、信誉等特色，特色酒店一旦形成了自己的品牌就意味着会给顾客留下深刻的记忆；独特的文化氛围是顾客区别于其他酒店的分辨器；特色的文化设施产品、文化服务设计是酒店质量的保证。特色酒店的设计是酒店形成的一部分，独特鲜明的图案、文字设计都是区别于其他酒店的不同之处，文化特征的设计首先会引发注意力、深化顾客记忆力；成功的特色酒店也是旅游产业，甚至是当地文化标志的体现，总之，特色酒店因其形象设计鲜明，又集当地文化精髓于一身，加之是住宿、旅游、餐饮、娱乐于一体，有利于形成自己的文化品牌，从而提升自身的价值。

2.2.1.4 传承与保护

特色酒店文化特征的设计实质就是特色文化的展示和表达，文化产业是目前全球最有发展前途的产业之一。中国地大物博、文化资源丰富，是有着丰富资源的东方文明古国，是世界上潜力最大的文化市场。而特色酒店的设计是向顾客传递当地文化的一种途径，顾客可以通过酒店了解当地最具特色的文化、了解到文化的内涵、体验到文化的本质、记住文化的精髓、促进文化的交流……让中国五千年的文化通过酒店业向世界广泛流传。

现在的设计都特别重视生态、可持续性设计，在特色酒店设计中我们通过保护文化的精髓和当地的原真性设计等，让它有别于其他地方，在设计中我们努力去寻求文化的源泉，提取具有代表性的元素，因地制宜、就地取材，思考如何去组织去设计去表达，就是为了让所有东西都和谐，我们应该保护它们，并且使它们可以持续地为我们的子孙后代服务。

2.2.2 特色酒店主题文化分类

2.2.2.1 地域文化因素

地域性是由一个地区的地理位置等自然属性所决定的，它具有不可替代的特性，它是由本地的、民俗的、民族的文化或历史遗迹所形成的一种特有的文化特性。它主要包括三个方面：第一，地理文化特性，这是由自然条件所形成的；第二，历史文化遗迹，这是与当地的历史息息相关的特性；第三，人文特性，当地人们的民俗，风土人情等。由于地域性的不可取代性，其日益成为特色酒店设计的关键要素，酒店在设计时也更为注意将地域特性考虑进去。

地域文化是指特色酒店所在区域的文化意境。人们对于这些文化意境的直观感知往往来源于所在地区的自然和城市人文景观，如特色酒店大多会依托这类不可替代的自然或人文景观资源，使其成为无法复制的文化特质。

2.2.2.2 建筑与装饰文化因素

建筑文化是一种文化内涵，主要表现在形态造型、材料色彩、空间布局等方面。不同时代和地区的酒店在建筑与装饰方面首先要考虑的是传统建筑文化。很多酒店是由古建筑改建而来，这使得建筑本身就具有了文化底蕴，为酒店文化的阐释和深度挖掘提供了良好的基础。如杭州的安曼法云酒店，酒店主题上延续了明清建筑风格，主楼采用的是四合院的结构，这样的建筑结合酒店所处的地理环境和酒店周围灵隐寺和永福寺的热闹氛围，整体打造出明清建筑的文脉，深度体现酒店的建筑与装饰文化。

装饰文化与建筑文化应该一体式地在酒店建筑中体现，酒店的照明、音响、色彩、设施等都是文化表达的载体，种类丰富多彩但是又具有统一性，酒店在进行酒店装饰的时候可以考虑多种元素的运用，但是都应该归结到自己酒店相关主题方面。

随着科技进步和审美变化，越来越多的高科技、新材料、新的艺术形态被运用到了酒店的建设中。但是万变不离其宗的是酒店建筑风格与周围的环境相融合、与城市环境相协调。比如：北京三里屯太古里的瑜舍，酒店墙体采用的色彩与周围建筑相融合，但是又运用了高科技对酒店理念进行体现，酒店外层玻璃采用绿色，这为酒店增加了商业气息和现代气息。再如北京极栈酒店，设计师运用窗格色彩的拼贴，在夜晚阵列中的色彩映衬下，使得建筑看上去熠熠生辉。

2.2.2.3 历史文脉主题因素

在极富地域文化特色和独特历史记忆的地区，丰厚的历史文化、历史典故、古建筑群，都可以为精品酒店提供独具魅力的历史文脉主题，往往以建筑为载体，使用独特的建筑语言来强化大氛围中的环境记忆，为顾客带来"超越时空"的神奇体验感。

例如，上海首席公馆精品酒店位于上海徐汇区新乐路号，是一家深深烙上了历史印迹的历史文化型城市精品酒店，该酒店是中国第一家城市文化遗产精品酒店，曾是青帮教父杜月笙公馆，因此酒店折中主义的建筑形式充满了历史的韵味。公共空间的古董桌、沙发、壁炉、立灯、年代钟表、木质楼梯和扶栏以及客房空间的床、门窗、格栅等均保留老上海、历史年代的风格。

2.2.2.4 时尚艺术主题因素

国际大都市既是精品酒店的主要客源地，也是引领时尚消费的前沿阵地，时尚艺术主题包括艺术流派、创意思潮、科技应用、童话传说等。例如，日本9H胶囊酒店可以说是时尚主题酒店的典范，主要以个性、袖珍、方便、高科技为特色，吸引着广大好奇旅客的入住。9H胶囊酒店也被叫作"盒子旅馆"。宾客入住时需要将自己的行李锁在柜子里，随后可以自助办理入住。虽然卧室很小，但里面配备了电视监控器，并有足够空间入睡。蜂巢一样排列的睡眠格子由加固塑料制成，整个酒店的设计充满时尚因素。房间内部安装了人性化的操作系统，温度、光线、时钟和音乐可自行调节。住客灵活设置时间，时间一到，会有"光"将住客照醒。

2.2.2.5 民族文化主题因素

民族文化是在历史的基础上形成的，一个有共同语言、共同地域、共同经济生活以及表现于共同文化上的共同心理素质的稳定的人群的共同体，是一种文化现象，民族文化是一个比较宽泛和相对性的概念，在不同的系统中包括不同的形式。在我国，民族文化一般包括两种表达意思：其一是具有历史传统的、民族民间的、非主流的文化，这是普遍意义的民族文化。其二是指我国境内55个少数民族特有的文化。本书的民族文化均指后一种含义。主题酒店很多也选取"民族文化"作为自身的主题文化，2012年主题酒店的市场分析报告中提出主题酒店未来的发展趋势就是民族性主题酒店。

例如，香格里拉仁安悦榕庄位于香格里拉高原之上，与西藏交界，依傍着五佛寺，酒店以完美设计协调当地传统特色外观，改变传统的藏式民居，植入酒店功能，结合了悦榕文化和当地环境，通过对本土地域民居巧妙地拆迁改建，精妙扎实的建筑模式完全沿袭了藏家建造的传统风格，最终建成的房屋根本无须使用新的材料，保证了当地完美无缺的建筑风韵，真正把藏式农舍和村庄再现的设计，吸引众多宾客前往。

2.2.3 文化主题的挖掘

作为特色酒店，必须使客人始终沉浸在其鲜明的主题文化氛围之中。在让客人接受管家式服务的同时，也要能让其充分感受到这一主题文化的意境，这必须成为特色酒店研究服务方式方法的指导思想。如果说酒店硬件、产品、服务是

"形"，那么就需要在"形"之上增加与之相应的"意"，即文化内核。总之，必须做到形意兼备，客人才能从精致服务中得到良好的体验效果。

2.2.3.1 体现特色

精品酒店的设计氛围应能充分体现某一个主题文化特色，大部分精品酒店都通过建筑外观、室内空间布局、园林景观、软装小品、家具配饰，甚至灯光、香薰、背景音乐、员工服饰等进行营造。精品酒店的文化氛围设计追求的是能以其独特性和文化性带给客人不一样的体验和满足，并在消费者心目中赢得极高的辨识度。

我国地大物博，每个地区都有着自己鲜明的特色和不同的文化，有效地利用这一优势，可以提升酒店的竞争力。不管是何种文化都应该选择一个主题，在这个主题下对酒店进行建设或打造，以产生吸引力和新鲜感。关于主题的选择只要是与当地特色或者人物相关的即可。主题确定后，对于酒店的装修等方面都要围绕这个主题进行。酒店还可以提供一些与当地文化相关的特色小吃等。

文化主题性是特色酒店最本质的特征，是特色酒店得以生存和发展的资本，是酒店生命力的灵魂。所谓特色酒店文化主题性，是指特色酒店必须选取一种最灿烂、最具影响力的、最具有历史特色的、最易被人们所记忆的文化为酒店的特色主题文化。我国地大物博、民族众多，拥有上下五千年的灿烂的文化历史，为我国特色酒店提供了丰富的文化资源。

设计中只有以新鲜、别具一格、浓郁的区域性文化为灵魂，才能引起顾客对该地的认同和共鸣，形成稳固、持久的吸引力。而在特色酒店的建筑设计中，文化的主题性的体现是酒店建设、设计成功与否的关键，特色文化以及酒店设计为依附，所有的设计都围绕所选的文化进行，从建筑外观、室内设计、产品设计、经营管理、服务水平到服务设施，都以营造文化特色为中心。不同产品有其不同内涵，而对不同内涵的升华和提炼就形成了酒店的文化特色。文化特色本身并无高低贵贱的区别，特色的本质是文化。文化的新与旧、中与西、实与虚，对主题的吸引力没有太大的关联。特色酒店应该拥有属于自己标志性的文化品牌，真正的特色酒店和一般酒店的区别就在于其他酒店所缺乏的第三类产品——文化特色。特色酒店没有文化就没有灵魂，就更谈不上拥有强有力的竞争力。因此，特色酒店必须具有鲜明的文化主题性，这种文化的本质通过主题渗透到酒店的各个方面，从而形成酒店的文化品牌，赢得顾客的信赖。

2.2.3.2 文化差异性

特色酒店可以选取各类文化作为自身的主题文化，不同的文化有着不同的特征差异，中国传统文化特征主要体现在传统文化"和"与"中庸"的思想，讲究天人合一、礼治精神、以人为本的传统思想，而西方文化的特征主要是个人主义、崇尚理想性等。不同地域文化也因其特征而有所不同。如：巴蜀文化、燕赵文化、吴越文化等。

特色酒店选取不同的文化主题，就会体现出不一样的文化差异。特色酒店文化的差异性也早就成为特色酒店与其他酒店的区别，特色酒店之所以会在激烈的市场竞争中脱颖而出，不仅仅靠其鲜明的文化主题性，还靠自身与一般的酒店存在的差异性。特色酒店的差异性是在酒店的建设、设计中通过特色文化的引入及围绕这个主题在酒店的建筑风格、室内设计、装饰艺术、服务方式、经营理念等方面所形成的区别于其他酒店的非凡形象，所形成的这种形象是不会轻易被竞争者所模仿的。对于个性化鲜明的市场，特色酒店迎合了顾客追求个性与特色的心灵感受，以鲜明、独特、富有差异化的文化产品来满足消费者的需要，使顾客获得与众不同的体验和精神享受，避免了大众的审美疲劳，与其他普通酒店形成了巨大的差异，使特色酒店永远立于不败之地。哪家酒店真正有特色，酒店的市场效果就会更好，差异性使顾客印象深刻，形成导向作用，特色酒店的差异性也是为自身赢得竞争的保障。

2.2.3.3 文化体验性

不同的特色酒店给顾客提供不一样的文化体验感受，历史文化特色酒店让人感觉回到那个历史时期，自然文化性特色酒店让顾客体验到民族文化特色。比如西安唐华宾馆，其文化类型是唐代历史文化主题，体验感受为"居唐华感受盛世唐朝"，文化体验性的途径是：通过观、听、品、居四感，即观唐景、听唐乐、品唐食、居唐华，来诉求唐文化意向，体验项目主要有举行唐式婚礼、猜灯谜、体验做唐餐、设计专属节庆等。

2.3 特色酒店设计表达

2.3.1 精品酒店创意设计表达

精品酒店始创于20世纪80年代，主要集中在欧美人口密集、物价昂贵的国际大都市，如纽约、伦敦和巴黎等。以其有限的资金、资源和客源渠道，按一般方法和大型连锁酒店竞争似乎是不可能的，于是调整思路、探索新的酒店经营之路。很多精品酒店迎合时尚意识较强和追求艺术品位的客户群，凭借时尚独特的设计品位，省去所有隐形的花费并移除一切冗余，提供奢华却廉价的服务，近年来变得炙手可热，成为酒店设计趋势的风向标。本书介绍八种精品酒店的创意设计方法。

2.3.1.1 动态多功能大堂

由于大都市的物价十分昂贵，精品酒店的客房变得更小，起居社交的功能不可避免地进入公共区域，而大堂就成为一个动态的多功能空间。传统酒店的前台和等候登记的沙发茶几布置已经不符合今天的功能需求。事实上由于互联网和移动通信使自动登记成为可能，很多接待台已经变得很小，或兼有其他功能，或干脆取消以腾出空间作其他用途，发挥更大的空间灵活性。正如精品酒店CitizenM，客房小得几乎只剩一张舒适的床；而大堂兼有起居社交、商务会谈和餐饮等功能，能够满足多功能需求的多种家具组合就成为大堂布置的必需。例如，一张长长的多媒体工作站可用笔记本电脑做商务之用，也是一个聊天上网喝咖啡的地方，这被称为"酒店的脸书"。而其他各类酒店，从低价位到高端型，都在纷纷改装它们的大堂以符合这种需求趋势。其实 "个人空间缩小，公共区域活跃"可以降低房价和空间能耗，是可持续发展的一个重要设计理念。

2.3.1.2 家一样的感觉

如前所述，客房变小，大堂成为重要的起居社交空间，因而采用家具配饰去营造"家一样的感觉"成为设计的重点。采用不同款式材质和体量比例的家具去营造一种舒适、亲切、自在的氛围，也会配上跳蚤市场上买来的旧家具和灯具以增添家的记忆和时间感，而创意的回收利用也是绿色设计的一个重要趋势。

2.3.1.3 温暖的光

酒店更倾向于使用白炽灯是因其温暖华丽，然而白炽灯与荧光灯和LED照明相比十分耗能。新的设计趋势会配合自动感光控制，从以往的灯光分区设计改成灯光分层设计，从而更好地利用自然光节省能源。上层天花筒灯要尽可能少或取消，中层吊灯要尽可能低和接近使用区域，采用造型简洁有雕塑感的吊灯，因为这样当白天有自然光的时候，吊灯会自动调暗或熄灭，而灯饰关闭后会黯然失色。底层会增加台灯和落地灯，以供不同照明功能使用，从而在增加空间使用的灵活性的同时减少整体人工照明的需求。

2.3.1.4 奢华要感觉到而不是看得到

由于近几年来有越来越多改装废弃工业厂房和破旧文化建筑成精品酒店的成功案例，其"奢华要感觉到而不是看得到"的设计理念也正在被追随。这些精品酒店的设计会尊重原有旧建筑的特色，不刻意掩盖其原有的特征，很多时候会将旧建筑的砖墙、钢梁和混凝土柱子裸露出来。对于人触摸不到的地方如天花和墙身的装修尽可能简单，而对于人触摸感觉到的地方如台面、家具、局部地毯和摆设会采用颜色丰富的纹理和舒适的质地。也就是说，以前重视觉，会在天花、墙身和地面这些人触摸不到的地方覆盖很多豪华装修材料和装饰图案；而现在会更重感官，结合上述近距离多类型的照明源，增强人对舒适奢华小细节的注意。而这种改装旧建筑的可持续发展的设计理念正在衍生成为一种时尚品位。

2.3.1.5 专注于当地的艺术

可以说现代建筑长期以来与当地的文化几乎划清界限的，但现在可持续发展设计理念让精品酒店更接地气。越来越多的酒店业主意识到，一个基于尊重原有旧建筑特色的设计会与当地的艺术更为融合协调，而在他们的设计方案中融入当地的艺术也会提高客人的地方感体验。从小型雕塑、摄影、大型装置，到把一个艺术项目融入了酒店的形象都可能是一个获得成功的方法。

2.3.1.6 绿色元素

绿色植物是永不过时的装饰，但这不仅局限于盆栽、植物墙或室内水景。对于物价昂贵、空间有限的精品酒店来说，耐生小植物，以自然为主题的灯饰和艺术品以及具有自然色调材质的装饰材料也许是更实用的方法，同时也避免对植物和水资源的浪费。

2.3.1.7 屋顶花园

屋顶花园为精品酒店提供了额外休闲和娱乐的户外空间。在建筑密集的都市环境中，其植物还具有降低建筑物的整体热吸收从而降低能耗的作用。

2.3.1.8 有机的形状

与自然主题和绿色元素相关的是弧形线条和有机的形状，而现在参数化设计和数控雕刻技术使创建这些复杂的三维曲面成为可能，而数控打印技术让平面图案打印在各种材料上变得轻而易举。

2.3.2 主题酒店创意设计表达

主题酒店为了适应现代社会的发展及人们的需求，正在试图创造与众不同的具有价值的空间。其中最具核心的是酒店的设计，酒店设计得具有主体性、多样化是抓住顾客的关键，本小节从四个方面对主题酒店的设计进行阐述。

2.3.2.1 地域性

在漫长的人类发展过程中，因地理条件、气候环境和社会习俗等因素的不同影响，世界上不同国家、不同地区也逐渐形成了具有独立特色的地域文化审美。地域性文化是这种长时间发展下来的积淀，是代表着这个地区的可识别性的标志。当今，时代发展科技进步，随着各国文化的进一步交流，全球文化趋同现象也给地域文化造成了极大的影响，新的建筑设计更多地走上"国际化"路线。例如位于我国江苏省周庄镇的花间堂酒店，这间酒店项目是由三幢明清风格的老建筑改造而成的，设计师非常小心地对这些优秀的古建筑进行修复，并将其合并改建成拥有20套客房的古文化主题酒店，客房内部保留了建筑最原始的空间结构以及其历史传承。与周庄如画风景和历史相结合，体现着古镇古往今来一直未变的恬静而优雅的生活环境，保留并延续当地的历史文化。除了历史文化，还有一些现代风格的地域酒店。例如位于美国纽约普莱西德湖村的Lake House主题酒店，这间拥有44个房间的Lake House酒店的母体是一座最初建造于1962年的建筑，设计灵感来自该地的线路图。该酒店鼓励游客走到户外，远眺阿迪朗达克山脉的美景。用地形图案和山脉坐标作为设计元素，创造了一系列的图标插画，表达了不同的季节性活动。客房设计在简约的色调衬托下，加上质朴的红色，木头的天然纹理成为主角，而那一抹红色正代表着阿迪朗达克山脉的历史。

因此，一个成功的酒店设计在完成社会功能需求的同时应充分利用周边的人文、历史、风俗等特色创造非凡的场所精神、新鲜的文化氛围和独到的艺术品位，并向顾客展示其所属城市、民族乃至国家的独特魅力，巩固自身的核心竞争力。

2.3.2.2 混合性

在全球化不断发展的今天，设计也在趋向多元化发展。混合性设计手法是在多元社会发展的影响下形成的，是由两种或以上不同的题材、文化等元素结合在一起的设计手法。主题酒店在客房设计上把多种元素巧妙地融合在一起，形成主题酒店的特色文化。梅里达ROSAS&XOCOLATE酒店位于墨西哥尤卡坦半岛的历史名城梅里达市。酒店的设计灵感来自19世纪修建的深受巴黎文化影响的蒙特霍大道，而且从美洲印加文化开始，当地人在艺术创作中便常常喜欢使用鲜艳的色彩，ROSAS&XOCOLATE酒店整体运用了热烈奔放的色彩，并延续到了客房设计中，客房设计充满了现代与"巴黎风"的结合，每个房间都具有独特的风格。我国香港J Plus酒店于2004年开业，2014年装修并重新开业，全新面貌的J Plus酒店为旅客提供共32间设计别具一格的开放式客房及24间时尚宽敞的套房。四个配色主题分别为梦幻粉色、橙色喜悦、阳光黄色及宁静的蓝。房间天花板用特色涂鸦墙纸，将酒店外墙能激发艺术灵感的涂鸦设计延伸至酒店内，为每个房间添加另一层次的诱人魅力。混合性设计是目前主题酒店客房设计体现个性化最常用的手法之一，这一类型的设计不仅融合了各种时尚、前卫的元素，还把现代与历史结合得淋漓尽致。

2.3.2.3 相互作用性

相互作用性是设计师通过多样化的设计给顾客提供体验空间，这种体验式的设计可以增进与顾客之间的沟通，并给酒店带来高额的利润。位于泰国曼谷的铂尔曼G酒店是以"工业"为主题，采用原木地板、砖、混凝土天花板以及裸露灯泡等，形成粗糙的、工业化的肌理，并与空间内的一些精细的工艺形成对比，从而打造一个具有创意的时尚、趣味空间。铂尔曼G酒店设计关注顾客在旅行中的细节感受，视觉、听觉、味觉、触觉等感官，因此每间客房内部挂有独特个性的装饰画，使顾客进入客房就情不自禁地融入这种艺术氛围内，达到与客房之间的沟通与交流。体验式的设计以间接与直接的方式存在着，酒店给顾客带来体验感受的同时，顾客自身也从中感受到了精神上的享受。

2.3.2.4 环保性

随着世界范围内对环保问题的关心，建立可持续发展的空间成为设计领域所关注的话题。主题酒店的客房环保设计为顾客提供环保节能的生活方式的同时，能够加强使用者对于公共环境承担保护的使命感。上海雅悦酒店是一间屡获殊荣的主题酒店，它将卓越设计与可持续发展融为一体，是中国首家碳中和酒店。雅悦酒店由工厂旧仓库改造而成，运用可再生材料和当地特色资源，有效减少碳排放，以环保为己任。拥有26间集现代、极简与环保于一身的房间，客房内典雅的木质装潢100%采用当地回收材料，而大量中性色彩的运用更加凸显了材料的自然之美。环保性设计是未来主题酒店设计的趋势。

2.3.3 民宿的创意设计表达

传统的民宿定义已无法涵盖时下兴盛的各类民宿，泛民宿其特征表现为根植于乡村文化形态，为旅游者驻留而设计的文化主题鲜明、功能复合、兼具人文情怀与经营理性的特色住宿产品。以核心要素作为民宿设计的出发点、以系统要素来修正和控制规模，并通过补充要素的创新设计，拉动民宿理性地、有特色地发展。本小节通过核心要素、系统要素和补充要素三个方面来阐述民宿的创意设计方法（见表2-1）。

表2-1　民宿创意设计的要素

核心要素：标准化要素	系统要素：合理化要素	补充要素：差异化要素
核心要素：非标准住宿也应有基本的设计与衡量标准，是所有民宿（单体或群落）在设计之初都需要考虑的关键环节。	系统要素：确定合适的民宿规模、客房量，合理统筹资金，成本控制；群落式民宿设计需要考虑建筑群落之间的布局，需根据场地条件统筹规划。	补充要素：民宿在核心体验之外营造的差异化体验，包括景观氛围、文化展示、活动场地等，是不断完善民宿作为旅游吸引的特色设计。

2.3.3.1 核心要素

（1）选址（见表2-2）。

表2-2　民宿设计的选址方法

可延展消费程度（停留）	停留时间保障：以休闲度假型的旅游目的地为佳（游客停留时间1~2.5天）
客源的经济消费力	客源基础保障：以距离发达城市群不超过2.5小时车程为宜，年游客量达到200万以上，有利于经营
气候及资源环境	气候条件保障：考虑四季气候差异带来的淡旺季影响，湿度、极端天气等对建筑设计的影响
交通可进入性	场地环境保障：视线、坡度坡向适宜，可开展体验活动的环境条件等

（2）起名。民宿的名字既是营销的一部分，也是一个酒店定位的开始。一个好的名字能够传递主题、定位、环境、气质、场景、卖点等。起名原则：第一，诗情画意，吸人气；第二，凸显主题，易感知；第三，富有底蕴，可分享；第四，朗朗上口，利传播。

（3）主题。挖掘资源。民宿的选址决定了其可依托的资源，也一定程度上决定了民宿的主题特色，对文化及自然资源的极致表现与利用，是设计一种生活形态的根本。例如，依托花海：可借力花卉温馨浪漫的氛围进行设计；靠近雪山：凸显圣洁气质，寻找高原环境的独特优势；依托古镇、古街：则充分尊重历史、民俗文化；依托乡野田园：则着力挖掘农家慢生活体验；在山间林野：重在与环境相融，在地体验。

（4）建筑设计。建筑设计需要情怀，更需要逻辑思维。民宿与传统酒店相比，在选址、规模、建筑风格、客房等方面均存在较大的差别；无论是改建还是新建，都是为了更好地提炼出历史、人文中的建筑语言（见表2-3）。

表2-3　民宿建筑设计的原则和策略

	老房改造民宿	新建民宿
原则	老房子拥有厚重的历史和文化，民宿设计应该让其焕发新的生命色彩，并更好地传承文化	新建并不代表着摒弃当地的历史和文化，而是为了更好地提炼出历史、人文中的建筑语言，创新是为了更好地传承与发展。建筑虽然是新建，但它的根却深深地扎在历史文化之中
策略	①加建木质的入口雨棚，遮风挡雨的同时突出民宿入口；②对原有的破旧窗户进行修缮；③以木材和茅草为材料建造凉亭，设计民宿的灰空间，凸显民宿的乡居主题；④就地取材，以当地石材铺设人行道路和路边景观小品；⑤以天然石块和绿色植物做景观围墙。	①注重体现当地文化，多选用当地的建筑材料来丰富建筑造型；②选材：多选用与自然融合度高的材料，凸显生态性和文化性；③合理的室内与室外灰空间处理。室内和室外的过渡空间是民宿的一个重点设计，阳台、露台等空间可以很好地把人的活动范围从室内延伸到室外，甚至在某些区域可以结合场地现有的地形或植被做巧妙设计，从而和环境更好地融合在一起。

（5）细节设计。关注民宿客房的细部设计，细节成就完美。

2.3.3.2 系统要素

（1）规模要素。充分考虑区域游客量及拟选址周边的民宿数量，合理控制自身规模的体量。假设民宿平均客房15间，平均每间客房床位数1.5个（按大部分都是大床房和标间计算），以入住率为70%来计算，则民宿数量与所需的全年过夜游客量存在如下关系（过夜游客量与总游客、过夜游客比重、过夜游客平均停留时间都有关），见表2-4。

表2-4　不同区域民宿数量下自身规模一览表

区域民宿数量（家）	平均客房数量（间）	平均每间客房床位数量	保证的基本入住率	全年所需基本过夜游客数量（万人次）
100	15	1.5	70%	57.5
300	15	1.5	70%	172.5
800	15	1.5	70%	459.9
1000	15	1.5	70%	574.9
3000	15	1.5	70%	1725

（2）成本控制。充分遵循并利用天然的生态环境，如地形、水系、植被等。

（3）合理布局。群落式民宿的布局，需利用周边优势资源，整体布局顺应地势，围而不合。

2.3.3.3 补充要素

（1）景观氛围。灵活运用景观小品、植被与软装修搭配运用，丰富灯具的表达，增强景观表述性。

（2）活动场地设计。如何把农村中的空气、田野、古道、竹林、溪流、风俗民情、农耕文化、农副产品变成旅游资源营造可以体验的活动地，是民宿住宿体验的加分环节。

2.4 特色酒店设计原则

在体验经济强势发展的背景下，特色酒店的发展契合了市场需求，国内精品酒店的起步虽然较晚，但发展势头强劲，可以预见，特色酒店不仅是酒店消费市场的选择，也是酒店投资市场的需要，更是酒店业发展的大势所趋。特色酒店的标准就是没有标准，反对同质化，关注自身的个性，是一个主观大于客观，感性多于理性的酒店类型，且设计范围，在不断深化与扩大中。此外，特色酒店与城市历史遗产的契合，一方面产生了可观的市场经济价值；另一方面化解了遗产保护与利用的矛盾，而设计师的宏观掌控对精品酒店的策划、选址具有关键作用，能够从专业的角度将设计理念贯彻于精品酒店文化与设计的方方面面。

总之在缺乏标准和规范的特色酒店设计中，在宏观上应把握各类特色酒店的设计原则，在传承历史中追求新生，拓展市场营销新思路，坚持核心价值观，不断增强软实力，寻求突破的根基。

2.4.1 精品酒店设计原则

2.4.1.1 精品酒店外观设计

（1）与周围环境相和谐

要充分考虑酒店内部装饰风格与酒店周围环境相和谐。就目前而言，国际上精品酒店主要分为四种类型：主题型精品酒店、地域风格精品酒店、家庭式精品酒店以及时尚精品酒店。不管哪种类型的精品酒店，酒店风格外观设计都要与周边环境相适应。并且酒店可以借助当地环境形成自身特色，从而成为其他酒店无法复制的特色所在。例如，地域型精品酒店——Singita Lebombo，该酒店位于南美克鲁格国家公园内，酒店依托公园地形而建，整体布局设计能够将酒店建筑与公园中的自然风光相融合。酒店在设计过程中利用大范围的落地玻璃而弱化了建筑本身的感官阻碍，从而使得酒店内外相联系成为一个整体，给人一种自然和谐的感官体验。

（2）强调自身的特色与个性

在实际操作过程中很多精品酒店在选址上本身不具有地理上的独特性以及在环境中独树一帜的优势，因此，在酒店自身设计中个性化成为其主要目的。此时，酒店需要通过个性化的设计思路将酒店产品展示给消费者。例如，苏州御庭精品酒店。御庭精品酒店是苏州第一家以泰国风情为主题的精品度假酒店。在建筑设计方面主要体现典型的泰式建筑。酒店包含水天一色的湖际游泳池以及顶级泰式SPA，这些设计、服务都能够给客人仿佛置身泰国普吉岛的感觉。酒店在一些细节上的处理，例如石象的雕塑、蜡烛的街灯以及青紫色的丝幔，都体现出典型东南亚泰式的别样风情。

（3）室内、室外风格体现差异性

如果精品酒店在选址上没有独特的地理位置优势或者无法以其独特的酒店建筑风格做到独树一帜时，酒店往往需要利用自身室内、室外环境的差异产生强烈的对比来吸引游客。例如位于澳大利亚墨尔本的The Prince精品酒店。酒店建筑体现的是20世纪50年代的建筑风貌，但在室内设计的时候主要强调简约的现代设计风格。酒店内外设计的差异产生了强烈的对比。因此，整个酒店不仅能使宾客体验到历史的风情，同时也能感受到酒店时尚的设计感。

2.4.1.2 精品酒店室内设计

如果说精品酒店的室外部分是展示酒店的窗口，那么酒店的室内设计则能够更加直接、真实地体现出酒店的内在气质。精品酒店如何体现自身的与众不同以及精品、高端的服务，这其中，酒店室内设计恰恰是体现这一特色的重要因素之一。精品酒店之所以被称作"精品"，室内设计必然需要体现出精品：或能够表达某种审美情趣；或是设计主题鲜明；或是能够融合周边环境，较好地表达自身主题等。所有这些都能够为精品酒店创造出特定的审美享受，给宾客带来惊喜的第一感观。精品酒店的独特性可以归纳为温馨、时尚、雅致等。在内部设计中，需要展现温馨和雅致。展现温馨、雅致首先需要从其空间尺度开始，设计中坚持以人为本的空间尺度；其次，酒店在设计过程中需要融合时尚的设计理念以及设计手法，这将为酒店的独特性提供最重要的保障。除此之外，酒店的精致、高端还应体现在酒店文化背景的选择上，精品酒店的文化背景可以体现在酒店建筑本身，也可以通过酒店内部设计所体现出来。总的来说精品酒店的室内设计可以归结为以下几点：

（1）将自然融入室内

例如可以将自然中花草、山石以及瀑布等自然因素直接融入室内设计中，以此来寻求视觉和心理上的享受。现今，许多酒店的大堂和康乐中心等公共活动场所中会常常运用这种设计手法。

（2）自然环境的微缩

通常情况下精品酒店的空间结构存在一定的局限性，因此许多自然因素难以直接引入。在这种情况下，可以通过采用微缩景观的方式，引入规模缩小的景观。例如，插花、盆景、水景等。

（3）装饰工艺的表现手法

精品酒店在设计过程中可以利用字画、雕塑、刺绣等艺术品陈设来表现自然景观，这样既可以有限利用现有空间，同时可以提高酒店的艺术氛围。

（4）模拟自然环境的声、光、味

精品酒店在设计过程中还可以运用仿生学的相关原理，利用人工手段以及造物模拟大自然中存在的景观和现象。例如，光纤技术下营造的室内星空景观，用人造花草做成的室内草坪，或者在声控条件下模拟的风声浪涛等。

（5）借景于户外环境

利用室内敞厅、景窗以及幕墙等形式，形成借景。如在北京建国饭店"四季厅"，在酒店大堂东部，通过通透的玻璃墙能够让酒店花园中的百年古树、绿草、流水和瀑布等自然景观尽显于餐厅，酒店各个空间相互渗透、相互为景。

（6）强调建筑选材的自然机理

强调自然机理就是强调自然物在室内空间的应用，通过这样的设计和布局能够让使用者感到回归原始和自然。这种设计理念要求设计师在设计过程中更加重视装饰的表层选材和处理。强调素材的机理以及暗示功能，能够大胆突破传统理念的束缚，例如水泥表面、木材质地或金属等材质直接地显露，这种直接的表达方式可以激发城市人群潜在的怀乡、回归自然的情愫。

2.4.1.3 精品酒店氛围设计

（1）强调"文化氛围"精心设计

精品酒店的主要市场是那些具有独到眼光、旅游经历丰富、消费层次较高的高端群体。这一客户群眼光独到，多希望体验时尚和舒适的住宿环境，较注重酒店文化氛围和自身的精神享受。因此，精品酒店需要对"氛围"进行精心的设计和营造。首先，精品酒店的氛围需要围绕某一主题，体现特有的文化特色。可以通过建筑设计、室内装饰布局、员工服饰或者灯光以及背景音乐等不同角度进行营造。不一样的精彩能够给予疲惫的旅行者以足够的惊喜，而独特的主题文化可以给宾客带来难忘的经历和满足。同时，酒店还能够在行业内树立独树一帜的品牌形象。例如，北京颐和安缦酒店（Amanesots-Aman at Summer Palace Beijing）定位为城市度假村。酒店位于颐和园边上，宛若皇家园林的布局，处处体现出中国传统文化的精髓，以及浓厚的京都历史文化。

（2）对"组织架构"精心设计，提供精致的服务

精品酒店不仅在硬件设施上体现"精品"，而且，更需要有精致的服务相匹配，精品酒店所倡导的"管家式服务"最能体现酒店精致的服务理念。为了真正实行"全程个性化管家式服务"，酒店需要在制度上提供相应的保障，通过对传统酒店服务流程进行再造，在组织架构的设计上实行"双轨制"，推行管家体系。但这并不意味着完全摈弃传统的组织架构。准确地来说，管家服务体系就是在原有传统组织架构的基础之上，针对不同客户的需求，临时组建符合个性化需求的服务团队，从而实现跨部门的交叉协调"作战"。最终能够为宾客提供具有一定服务水准的全程一站式贴身服务。在接待任务完成之后，组建的临时服务团队自行解散，回归到原有的组织框架。

（3）对"产品"精心设计

美国酒店管理界的泰斗依艾恩·希拉格说过："精品酒店"需要具有鲜明的并且与众不同的文化内涵。因此，精品酒店的所有服务产品必须有针对性地进行全新设计。需要对传统酒店中标准化的产品进行重新包装，结合自身特有的主题文化进行重新组合和编排。对标准化的产品重新进行深度挖掘和嫁接，从而打造出精品酒店产品的独特性以及唯一性。例如，泰国Keemala酒店位于普吉岛西海岸上的卡马拉地区，总共有38栋配有私人泳池的度假屋和别墅。Keemala致力于弘扬普吉岛四大远古部落文化，分别为："Pa–Ta–Pea"部落（大地）、"Khon–Jorn"部落（漫步者）、"We–Ha"部落（天空）以及"Rung–Nok"部落（巢穴）。Keemala 借鉴他们的生活方式并将其融入整个酒店设计中。Keemala酒店将当地传统建筑与时尚风格完美地交织于一体，打造出了别样的丛林小屋，悬于树下的树屋给客人带来了一种原始、宁静的体验。

2.4.2 主题酒店设计原则

2.4.2.1 装饰风格特色

虽然主题酒店在中国的发展比欧美国家晚了近半个世纪，但是由于中国人善于学习、勤于创新，不仅很快领悟到主题酒店的文化内涵和精髓，而且在实践探索过程中进一步深化对主题酒店的理解。特别是在酒店的建筑设计和内部装潢上，能够营造出独具特色的风格。具体来说包括以下五大特点：

（1）酒店建筑外形上注重突出主题文化意境的营造

主题酒店的主题特色和魅力首先应该体现酒店的主题文化上，而酒店的建筑设计理念和建筑外形是其主题文化的最直接表现。国内主题酒店最大的优势就是在建筑风格上能较好地推出所要表达的主题意境、主题文化。例如，深圳威尼斯酒店，其建筑造型以意大利威尼斯古城为原型，造型原味再现了古城的独特风韵。又如，我国香港迪士尼乐园酒店的城堡式建筑充分展示了迪士尼乐园的特色文化色彩。再如，浙江萧山第一世界休闲酒店，其造型像一座古老的城堡，顶部四周放置众多羊头雕塑，整个造型充分展示了古埃及神秘的文化以及原始图腾崇拜。以上所有的主题酒店在其建筑外形设计上都成功地展示出不同的主题文化、宗教文化以及民俗文化等，从而更好地表达出酒店主题文化意境，能够给游客的心理带来震撼。

（2）室内装饰注重渲染主题文化氛围

主题酒店不仅要有外观造型上的文化展示，同时还需要注重内部主题氛围的渲染和营造，如此才能真正做到内外兼修、神韵并茂。如：深圳茵特拉根酒店以水为主题。酒店内设计有巨大崖壁以及全国落差最大的人工瀑布；酒店在内部装潢上从走廊到房间，无论在墙面的设计还是隔断的设计上都以流线型为主要设计元素，包括酒店的地毯也是波浪形的图案。在酒店灯光的照射下能够体现海洋与天空的唯美效果。香港迪士尼乐园酒店在外形上体现维多利亚式红顶建筑设计，同时巧妙地融合了迪士尼乐园的标志，在内部装潢上完全体现出迪士尼的文化元素。例如，酒店物品上会使用米奇的图案等。

（3）高科技手段的运用与人性关怀并重，提高服务水准

现代酒店中高科技技术设备是不可缺少的物质条件。高科技手段不仅能提高酒店服务工作的效率和准确性，更重要的是，现代化、科技化以及人性化是当代酒店业的发展趋势。将现代科学技术手段运用到主题酒店运营管理中，使得科技手段和主题文化完美融合可以使客人在精神上享受文化愉悦以及服务上体验高科技所带来的高效率和舒适感。当今，中国主题酒店业十分重视高科技和酒店管理的融合，注重打造酒店的智能化、科技性以及人性化。例如，浙江第一世界休闲酒店在节能方面，为每一间客房卫生间都设计安装有人体感应器，从而能够做到人进灯亮、人离灯灭；在服务信息的传递方面，每间客房的门外都安装有一个液晶显示屏，可以向办完入住登记的宾客滚动播放包括酒店欢迎词、当天天气预报

等基本服务信息。此外，酒店房间内还安装了宾客结账提示装置，客人可以在房间内自主进行结账手续。这不仅提高了酒店工作效率，而且减少了客人的等待时间，更好地体现了酒店人性化、高效化的服务理念。

（4）对客服务体现酒店主题内涵

酒店服务具有综合性的特点，主要包括了食、住、行、游、购、娱六大元素。这六大元素与酒店主题文化元素相融合则会给宾客以多方位、多层面、多视角、多形式的主题文化体验。这也是中国主题酒店的又一重要特点。例如，很多以泰国文化为主题的酒店会聘请泰国厨师为宾客烹制最正宗的泰式菜品；酒店在装潢上竭力营造东南亚建筑氛围，同时还在一些具体的服务项目上为宾客提供富有主题文化色彩的服务产品。中国的主题酒店正是通过一系列带有主题意境的服务活动与文艺交流活动，充分彰显了中国主题酒店文化特色，并将浓郁的主题文化巧妙地融入酒店的各项对客服务中[1]。

（5）服务氛围上力求营造主题文化、服务人员和建筑设施相融合

主题文化的不同是主题酒店差异化的主要来源。主题酒店的服务氛围和服务形式，都需要对其主题文化进行深层次的挖掘，从而体现差异性。所以说，所谓的主题酒店应当涉及多领域、多层次、多视角。从这个层面来说酒店的主题文化、服务人员以及建筑设施之间的融合，不仅指酒店在建筑风格、环境氛围、室内设计等方面要与酒店主题文化保持一致，同时酒店在服务内容以及服务样式等方面也需要同酒店的主题文化相一致。在国内主题酒店中，大多数都非常重视在服务过程中对整体氛围的营造。例如，第一世界大酒店为了更好地营造出东南亚风情主题的文化氛围，酒店服务人员全部身着亮丽色彩的泰式服装，向宾客行纯泰式双手合十礼，并使用标准的泰语问候语，同时配以酒店的东南亚风格建筑造型、室内设计以让宾客有置身泰国之感。

2.4.2.2 层次升级特色

（1）第一层次：感观层次

在确定了酒店所想要表达的主题文化之后，需要将确定的主题文化有机地贯穿于整个酒店的氛围营造以及功能布局之中。就是要利用适当的手段将主题文化融入酒店的所有活动要素之中，让宾客可以时刻感受到。与此同时，酒店的环境布局、室内装修、客房用品、房屋造型、员工服装、娱乐项目、书画装饰、灯具、家具等各个细节方面都需要体现出酒店主题文化的内涵。就这一层面来说，

实际上就是酒店在搭建自己的"主题文化平台",并且依托这一平台营造出凸显自身主题的艺术走廊,能创造出可感知的、浓郁的,同时使客人感到愉悦的文化氛围。由于酒店服务产品的特殊性质决定了宾客在购买产品前无法体验到服务产品的真实质量,因此主题酒店给予宾客的感官形象对宾客的决策起到重要的作用。感官层次对主题酒店有以下几点要求:

①鲜明的主题文化符号。要求主题文化符号要始终贯穿酒店的所有功能区。例如成都京川宾馆,其"双龙"符号成为酒店的文化符号,两条龙分别代表了京川宾馆的"文化"和"现代"两种不同寓意。双龙合璧意味着酒店是一所现代化的主题文化酒店;双龙共擎一"珠",且珠上刻着"京川"二字,表明"现代""文化"代表着京川宾馆未来美好的发展方向。

②酒店主题色彩保持一致性。酒店在建筑外观、各功能区的设计以及房间、内部装饰等方面都要保持统一的色彩搭配。与主题内容相吻合的色彩搭配有利于宾客对于酒店主题的理解。

③富有代表性的酒店宣言。通过对酒店文化主题的理解、提炼,发掘最核心的主题内容,利用符合现代酒店经营和消费管理的语言表达出来,这就是酒店的宣言。酒店宣言需要清楚地表达酒店的特色、主题选择的原因以及与时代的关系。成都京川宾馆在其宣言中写道:"今逢盛世,文化昌明,汲古泛今,此其时矣;京川宾馆见机而作,吸纳三国文化开创主题先河(主题选择的原因)。堂宇巍峨兮,建筑具汉家格调;廊亭优雅兮,布局撷蜀苑之精华……(酒店特色);当今开放之世,竞争激烈如昔,信义乃立身之基石兮,智慧乃创业之利器也。非信义无从立身兮,非智者无以创业也。千载往事足资借鉴矣。客往此间神游蜀汉,既圆壮怀之梦,必起切身之思,则见京川举措正合时务……"[2]

④选择恰当的主题艺术品的布局。在酒店显著的位置需要有能够解释主题文化的艺术品,例如图画作品、雕刻等。

(2)第二层次:产品层次

酒店产品概念包含4个部分:核心性产品(Core Product)、配置性产品(Facilitating Product)、支持性产品(Supporting Product)和扩展性产品(Augmented Product)。主题酒店的核心性产品主要是指客房;配置性产品则包括实现核心产品功能必须依托的产品或服务;而支持性产品则包括为了增加自身竞争性而增加的、区别于同类竞争者的额外服务;扩展性产品包括一些宾客之间的互动、宾客与服务机构之间互动、宾客参与的氛围，以及这些因素连同核心性产品、配置性产品、支持性产品组合在一起组成的扩展性产品。正如营销专家克里斯蒂·格劳恩鲁斯所说的那样，酒店所提供的核心产品、支持性产品以及配置产品只能决定顾客能够从中得到什么，但是却不能够决定顾客如何得到它们。而扩展性产品的出现则能够将酒店提供什么以及如何提供这些产品有机地结合在一起。酒店产品的这四个部分清楚表明了，酒店所提供的服务产品是酒店无形的主题文化以及有形的设施设备结合在一起的整体。正因如此又可以将酒店的产品分为三个部分，即感官享受（通过物质产品的表达而传递出来，可由消费者感官感知的，如酒店背景音乐、客房布局设施、酒店灯光照明等）、酒店物质产品（酒店餐饮、有形的设施设备等）以及宾客情感体验（宾客在经历一次体验之后产生的感觉，如满意度、舒适度等）。

同传统标准化的酒店一样，主题酒店在设计过程中同样需要包含上述四个部分。主题酒店需要通过主题文化的引入，对传统酒店的标准化酒店产品进行重新包装、不断深化，即做到酒店产品的主题化。在新的主题文化平台上打造新的主题吸引物并能够让宾客产生共鸣的兴奋点，从而形成独特的氛围以及消费环境。同时在宾客参与酒店活动的同时能够产生内心的共鸣并留下最美好的住宿体验。对于主题酒店而言，其物质产品、感官享受、情感体验当中更为重要的是感觉享受以及情感体验。因为物质产品属于酒店的硬件设施，同一档次、同类竞争者中硬件设施的供给水平差距不大，经营效果的好坏主要取决于软件设施，即感官享受以及情感体验两个部分。主题酒店需要在软件产品提供方面做文章、下功夫，通过围绕自身文化主题同时根据自身的资源禀赋开发出在市场上独树一帜的产品。通过软件设施的开发可以在一定程度上延长酒店的生命周期，同时也是吸引更多顾客，提高自身竞争优势，扩大经营范围的主要手段。

（3）第三层次：功能层次

任何酒店在设计过程中都必须遵循形式服从结构、结构服从于功能这一基本原则。为了满足宾客需求的多样化，需要不断完善酒店功能，如此才能获得更多的客源。随着经济的快速发展，消费者对酒店的需求从一开始仅仅局限于住宿和餐饮发展到现今更加注重高层次的心理满足和文化享受。因此，对于主题酒店而言，明确主要功能是建立的基础，换句话说，主题酒店建设要求首先明确酒店功能，然后才考虑酒店结构问题，最后才是形式。在这一过程中要做到形式服务于结构、服务于功能。在功能层面上，主题酒店必须做到新颖和独特。主题文化必须从始至终贯穿到酒店的每一个功能区内，每一个功能层面都必须体现酒店的主题文化，而不是在某一方面或者某一部分体现主题文化。如果仅仅是在客房或者餐饮等某一区域体现主题文化充其量只能称作主题餐厅或者主题客房，而不能称其为主题酒店。

（4）第四层次：品牌战略层次

品牌战略层次是主题酒店中的最高层次，是整个酒店的最终奋斗目标。品牌是酒店的象征，代表着酒店产品、服务以及水准的层次。一个有着强大震撼力以及感召力的主题酒店品牌，可以牢牢抓住顾客的视线，从而引起顾客的极大关注，最终形成"眼球经济"，为酒店带来盈利。众所周知，在未来酒店业市场的竞争中文化竞争将趋于主导地位，依托特有文化品牌，在市场树立独树一帜的形象，从而吸引消费者，扩大市场占有率，增加销售份额。品牌文化将成为酒店行业可持续发展的必经之路。主题酒店在品牌文化的建立以及推广方面有着极大的优势，正是由于其将文化、主题融入酒店的设计、经营管理之中，才被称为主题酒店。因此，主题酒店需要充分发挥自身的优势，将文化融入营销活动中，在市场塑造与众不同的主题形象，和同类产品形成差异性，并依托酒店主题文化的无形价值，形成品牌效应和竞争优势，促进主题酒店的可持续发展。主题酒店营销活动上升到品牌战略层次之后，酒店营销活动就不仅仅是出售传统酒店服务产品，此时它已经突破"建筑"的范畴，开始形成了一个产业链。例如四川都江堰鹤翔山庄八大品牌（中国道家文化第一庄、中国美术家协会巴蜀创作中心、青城道茶、长生宴、鹤翔太极道家养生月饼、根雕艺术馆、军地两用人才艺术培训中心、鹤翔太极养生基地）的创立，使得酒店营销活动上升到了品牌层次，从而实现酒店极大的跨越，使酒店开拓出了巨大的发展空间以及广阔的前景。

主题酒店在建设过程中必须要与传统文化相结合，要做到由形而神，由表及里，全方位、多功能地融入历史文化的精髓，创造出神形兼备以及主题鲜明的酒店文化氛围。对于成功的主题酒店而言，上述四个层次是作为一个有机整体存在的，而不是相互孤立的。作为消费者而言，在主题酒店中可以充分感受到以人为本的消费空间；在酒店大堂、客房、走廊、餐厅等都应该使宾客感受到酒店的精心设计。

2.4.3 民宿设计原则

2.4.3.1 空间设计特性与手法

（1）入口空间设计

不需要过分强调以吸引客人注意。民宿低调的入口空间设计处理手法对于保护客人的隐私是非常有利的。

（2）大堂空间设计

需要在细节之处及布局装饰等方面精益求精，努力为客人营造温馨亲切的气氛。通常由于民宿规模较小以及客流量少等原因，在大堂的功能性设计上不需要同传统酒店一样严格。例如在客人办理民宿入住手续时不一定要在前台。

（3）民宿酒吧、餐饮空间的设计要保持一定的独立性

因为民宿以经营客房为主，因此民宿内酒吧及餐饮等部分的设计可以与主题酒店、精品酒店等不同，可以保持自己独有的特色，而不一定必须与民宿整体风格保持一致。

（4）民宿主要向宾客提供住宿设施

因此客房的布局设计对宾客有较为深刻的影响，在设计方面不应该固守标准的格局，应该不断推陈出新。民宿在进行客房空间设计时需要完成以下三项内容：风格设计、功能设计以及人性化设计。民宿主要在人性化设计和风格设计上下功夫。在客房格局上需要打破传统固有的布局方式，尽量使客房的空间布局更加通畅。

客房家具：民宿客房内家具除了具有使用功能，更要突出房间设计理念并供客人欣赏。民宿房间卫浴空间：因为卫浴是体现酒店整体硬件设施标准的最重要因素之一。所以，卫浴间的设计除了需要满足最基本的功能之外（卫生、安全、方便），还需要满足客人的精神需求。民宿可以通过空间布局的设计、创新等进一步满足客人的需求。依据民宿的特点，可以做出以下几点要求：空间面积大，比一般星级酒店要大；分隔软化，客房与卫浴间多采用玻璃分隔或用帘幕分割；注重自然采光；注重空间交流，卫浴间在客房内没有明显的或模糊的分割，形成开放式卫生间。

（5）精致的细节设计

精致源于对细节的把控，客房内部装修和物品陈列细节决定了客房的精致程

度。例如，独具韵味的指示牌、别致的门把手、精致的空间装修、造型别致的生活用具以及细致入微的酒店服务等。

（6）民宿室内空间环境设计

许多民宿在建设的时候都是利用当地自然环境条件和现有的建筑物作为建筑素材。所以对民宿来说，民宿所处地域环境尤为重要。如何让民宿的内部设计与室外的地域环境特色有机地融合在一起，从而实现室内空间设计与室外的环境统一，这也是衡量民宿设计成功与否的关键因素。

2.4.3.2 简约主义的设计理念

20世纪初现代简约主义起源于德国，强调将设计装饰简化到最低程度，它提倡将功能放在第一位，但是对于材料的质感以及色彩的选择有着较高要求。例如：中国台湾民宿室内设计风格多以现代简约理念为主。民宿中采用现代简约风格最主要的原因在于满足多数宾客的心理需求。简约主义的设计理念就是要"去掉多余的"，去掉传统标准酒店过于豪华的装饰以及一些游客不太需要的东西。从根本上按照宾客需求的角度出发，对各方面进行统筹规划，强调简约的整体设计风格，用最节约的成本提供实际需求功能，能够给宾客最简单的心理感受。在这样的环境中宾客才能够远离城市喧嚣以及工作的压力，得到身心的放松。

在民宿中采用现代简约风格的另一个主要原因就是节约成本。由于民宿的主要顾客群为学生以及普通的旅游人士，这类宾客的特点在于比较注重住宿设施的性价比。民宿主人在进行装修的时候要将各个环节成本控制好，尽量减少不必要的装修项目。只有采取简约的装修风格，才能做到既能够满足游客的需求又使宾客的花费降到最低。例如：2015年，台湾民宿价格约100元人民币/晚，独间的海景房或者山景房约200元人民币/晚，独栋的民宅约300元人民币/晚。台湾民宿价格低廉，深受旅客青睐。

2.4.3.3 小而精的设计模式

民宿在设计时主要需要维持小而精的小规模、精品的特点。客房规模也有一定数量的限制。针对不同类型的旅客，民宿的经营模式主要分为两种：青年旅馆模式，多名旅客共用一间宿舍。共享卫浴设备；独立式房屋模式，即旅客享用独立的房屋，拥有独立的卫生间和阳台。

不同模式的民宿在装修风格以及空间结构设计方面都会存在差异，但不变的是大多具有"小而精"的特点。如我国台湾九份Walk Tnn 3x3民宿是独立式房屋的建筑模式。虽然每间房间面积只有10平方米左右，但是每一间都有独立的阳台和卫生间。再如澎湖北吉光民宿是青年旅馆模式，它是一个依海而建的海边三层建筑，每个房间仅有6平方米左右。民宿的第一层是交流大厅，而第二、第三层分别有男生房、女生房以及男女混住房，在每一层民宿都设置有公共厕所以及淋浴间。这一类型的民宿适合单独或集体出游的年轻旅客，由于需要与不同的人住在一个房间，因此需要旅客具有较强的适应性。不过这也是一个可以了解更多不同文化以及结交更多朋友的机会。因此，对于这种类型民宿的设计重点应该放在公共交往空间上，公共空间应设置舒适的沙发和宽大的桌椅，这样才能满足宾客的要求。

2.4.3.4 简单明丽的装饰色彩

色彩被称为室内设计的"灵魂"。色彩是室内设计中最为生动也是最为活跃的因素，具有举足轻重的地位。民宿整体色彩的搭配和选择能够充分体现民宿主人的喜好和品位。适宜的色彩搭配可以给游客一种轻松、温暖的感觉。例如，台湾高雄的Little Valley民宿，大厅墙面颜色采用中国红，而卧室墙面以及地面其他地方均采用黑色，红色、黑色搭配象征着奔放而沉稳。又例如，台北On my way旅店，民宿在设计装修时采用大量的木质家具以及米色的墙面，和周边的森林温泉公园相映衬。因此，客人来到民宿第一眼便能由强烈的色彩对比感受到民宿的氛围和个性。

2.5 特色酒店设计实例

2.5.1 精品酒店设计实例

2.5.1.1 巴厘岛安缦精品酒店

全世界有23家安缦。其中，拥有安缦酒店最多的国家或许就是印度尼西亚。光是巴厘岛和其离岛区域，就有5家安缦。这也不奇怪，因为安缦的创始人是荷兰籍印度尼西亚人，在自己的主场当然会更加发力。在安缦看来，世界上万物最美不过大自然的钟灵明秀，一向重视选址的安缦，总在人迹罕至的地方设点，在古朴的建筑群落，融合简约的设计，体现一种安缦天人合一的设计理念。安缦更多的是强调顾客的体验，而不过多地谈设计。

独栋别墅高高低低地交错，均采用多根梁柱支撑着挑高的茅草屋顶，结构微微扭曲，低调地隐身在高耸的椰子树中，以走廊相连，有海景和园景之分。转个弯上阶梯，才会看到房间的正门。套房内的面积不算太大，大多使用竹、藤编制的用品，冲淡了现代文明的影子。设计师频繁采用一系列向内弯曲的形状，使得整个海滨度假村与东巴厘岛周边的环境融为一体，像每个套房里以蘑菇石成形的滑动玻璃门，以及沿着梳妆台上将浴室和卧室隔开的落地镜……除了当地的特有风格外，也融入了些许印度的意象元素。Amanwana酒店在建筑概念上，与一般顶级酒店一心追求壮阔华美迥然不同。Amanwana酒店的设计，就仿佛生怕动作一多一大，便要惊扰了这天成美景，从规模到形式到色调，一切都小心翼翼点到即止，力求低调谦逊、平和无为。在建造过程中，酒店没有砍伐过岛上的任何一棵树，而且，除了主屋和餐厅为开放式的木造建筑之外，其余20多幢villa全部以帐篷形式打造，木造门墙、布质篷顶，在保证住宿舒适度的同时，酒店尽量用帐篷和织物来避免对环境的索取和破坏。

安缦酒店想要保护这个原始环境的同时也让游客享受到这片岛屿的自然美。于是，它创造了一个荒野隐匿处。没有建筑动工，也没有树木被砍伐。它通过搭起奢华的帐篷维护了环境的优美。

安缦kila拥有34间套房，其中有9间带有私人泳池。酒店的中央泳池由3个梯台组成，正处于一个广阔的接待区下方，池水从一个流向另一个，美轮美奂。在海滩俱乐部下面，是一个41米的小型健身泳池，位于椰子林的中央。离开安缦kila，游客可以在徒步旅行时发现乡村风情的传统文化和东巴厘岛的历史皇族遗迹。Amankila的SPA，你可以在Massage Pavillon里、海滩俱乐部里的椰子林下，或是请顾客直接来房间里按摩。在房间里的话，他们会给你一张iPod的SPA音乐表，除了带齐所有按摩设备外，他们还会带些玫瑰花瓣撒在按摩床下，十分周到。安缦所构筑起的一切事物，都融入大自然中，没有过多的华丽，也没有急着想告诉你这世界发生了什么。这也正是安缦俘获人心的秘密武器，即便足不出户，也能享受浪漫时光。来巴厘岛度假至少要安排一周以上，顾客可以轮流住三家安缦度假村（多数旅客都是这么做的），肯定都能给你不一样的体验。

2.5.1.2 台北北投温泉区三二行馆

中国台湾北投的三二行馆是台湾顶级的私人温泉会馆，它耗资6亿台币，花费了4年时间建成，但它是只有5个房间的小旅馆，在世界上关于精品酒店的排行榜上都能找到它。此酒店以为顾客提供"更顶级，更尊荣"的享受为宗旨，一直以来以"只有最好，没有次好"为发展宗旨。

台湾三二行馆占地约1000坪（约3300平方米），青山绿水形成了自然的屏障，酒店在设计和建造时保留了近三分之二的自然景观，背靠青山，面临绿水，自然美景浑然天成。从酒店决定建设到建成花了近四年半的时间，酒店中所有的建设都精益求精。酒店力图给客户前所未有的体验，酒店对效益的计算是以每坪建筑物能帮助顾客减少的压力而计算的，力求在不同的方面给顾客不同的体验。酒店总共由五个房间组成。台北北投三二行馆有台湾温泉第一馆的美誉，同时它还是世界知名品牌罗莱夏朵在台湾的三位成员之一。台北三二行馆在2010年被美国的CNNgo.com评为"亚洲最令人放松的28家SPA"之一，同时也是"世界上最美的SPA"获得者。这个SPA结合了中国传统的经络疗法和芳香疗法，开创了独特的SPA疗程。

想要享受独处空间，那么三二行馆会为顾客提供私密性极强的汤屋。清晨或傍晚，跪坐在榻榻米上，享受自然风光带给人的那一抹宁静，由于行馆在建设时保留了近2/3的自然风景，从设计到建造浑然天成，最大限度地迎合自然，这就更为行馆保留了一份大自然的纯真，为顾客带去了一丝宁静而又自然的享受。在行馆的中心有几棵老树，行馆主人在建造时，为了迎合大自然，顺势开启了绕道模式，这就为行馆带来了独特的景观，这也是行馆在建造时最大可能地保护自然的最佳体现。

酒店在建设时以"泉、木、树、石"为最基本要素，在简单中体现不简单的设计。居所的大门，最能忠实传达经营者的气度，简洁低调的入口设计，保留了城市秘密花园的悠闲与澄静。步道两旁草木迎接，这是创办人邱明宏的待客之道，以"泉、木、树、石"四元素相迎。重达550千克的北投石，作为"泉、木、树、石"四元素的石元素成为酒店的装饰品，仅次于北投温泉博物馆的北投石。北投石会释放出天然镭放射线，日本东北大学医学部曾经进行长期临床研究，认为北投石可以提升免疫力，具有增强内脏解毒功效，可以帮助改善体质的天然疗效。在夜晚泡汤，温泉池旁摆放着让人倍感宁静的蜡烛，而室内透出温暖的鹅黄色灯光让室外的温泉池多了一分朦胧。当宾客仰望璀璨星空，欣赏朦胧灯光下的温泉云雾时，仿佛置身仙境。走进三二行馆的隐秘门面，里面豁然开朗起来，花木扶疏，水瀑潺潺，毫无市区的车马喧嚣，庭院的绿植让人倍感身心放松。每区汤池边散置的休憩小区，以玻璃格屏、木作长廊构成。长廊外便是地热谷景观，在此凭栏远望，白色的热气氤氲而上，恍若身处仙山之中，似是云烟一般朦胧而美丽。

　　酒店中有一面米色的墙，刻着三二行馆的名称，这样的设计既与酒店的装饰特色相契合，同时也可体现出酒店低调的内涵。酒店员工的服饰更是贯彻了这一主题，SPA馆的员工头发盘起，全部着黑色工作装，胸前佩戴银色名牌，整体简单却又富有职业化特征。整个酒店体现着日式风情，非常注重细节方面的建设，酒店室内和室外的汤池均采用台湾桧木建造，酒店所用的榻榻米更是专门从日本空运来的。酒店的每个房间都是采用楼中楼的设计理念，在每个酒店中都有私人专属的黑金石堆砌成的冷热汤池。客人在自己的房间内就可以享受屋外的美景，透过房间内的窗户就可以眺望远处的美景，早上山间云雾缭绕、林木翁郁、漫天绿意映入眼帘，下午可以直接通过房间的阳台进行日光浴，晚上更是可以享受大自然带给人们的这份宁静。在三二行馆的五间客房中有三间是私人专属的包厢，每个包厢都有自己的名称：辣椒厅、番茄厅和红椒厅。辣椒厅和番茄厅相对来说比较小，大约7坪，可容纳10~12位宾客，红椒厅较大，约20坪，可容纳22位宾客。行馆总是能给人带来不同的餐饮体验，世界各地的美食，只有你想不到的，没有你吃不到的。酒店对菜品的呈现也是有要求的，酒店厨师会根据菜品的大小和形状等特色，设计出不同的餐具，使得菜品在餐具的衬托下显得更加精美。

　　三二行馆的SPA为顾客特别营造出了私密舒适的生活氛围，让每位顾客都可以完全地放松，行馆还推出了独特的经络推拿按摩，配合套餐使用。这种疗法，配合传统的中国式经络按摩，男女都适用，融入了顺、击、压、揉、拔的特殊手法，同时融入了欧式的深层肌肉按摩手法，让顾客体会到前所未有的舒适和放松。馆内同时还为顾客提供独特的芳香疗法，每位顾客都有专属的芳香管家，在治疗过程中根据每位顾客不同的香味喜好，以及对身体的调养方法，为顾客提供不同的服务，量身定制的芳香疗法，结合了阴阳五行，顺应四季变化，配合精油和特殊的经络手法，为顾客提供专享的个人顶级服务，充分达到修身养性、放松身心的目的。

2.5.1.3 云南景迈柏联精品酒店

　　创立于1995年的柏联集团，对于品质有着自己特立独行的追求和理解。柏联是营造生活方式的企业，它把对自然的保护、文化的传承作为企业品质的价值体现，深知美好的生活始于与自然和谐相融，受文化的滋养和一脉相承。长期以来，柏联的旅游文化产业、酒店业、茶产业、房地产业、葡萄酒业等各个产业之间相互呼应与支撑，构筑了柏联独特的生活方式，如果人生就是一种旅行，而柏联提供了多种可能的旅行方式，这种方式有着浓郁的文化气息和东方情调。

秉承"诚信天下，稳定一生"的企业宗旨，遵循"追求完美、追求文化、追求卓越"的企业价值观，一直以来，柏联坚持为消费者提供个性化和富有文化内涵的产品和服务，做品质生活的缔造者和引领者。

云南景迈柏联精品酒店位于云南普洱市澜沧县景迈山古茶山，而景迈山是全世界保存得最完整、历史最悠久、面积最大的人工栽培型古茶园。酒店以贴近自然的设计理念，融合了少数民族传统建筑的元素，有着浓郁的地域文化特色，与茶林融为一体，让人们与大自然亲密接触，缔造绿色、健康的度假生活。

作为专注于健康的度假酒店，景迈山柏联精品酒店提供了一个令人愉悦和放松的幽雅环境，通过人、景、物三者的关联实现环境疗法。茶森林如同酒店的后花园，可以在此观云海、采茶、制茶、在茶仓贮茶，到茶园中漫步，呼吸雨林里的新鲜空气，品尝生态有机食品，祭祀茶祖，更有原生态少数民族茶道，让人们返璞归真，回到与自然融合的心境中。云南景迈柏联精品酒店是西部唯一的罗兰夏朵会员酒店，隶属云南柏联酒店管理集团，位于地球北纬21°唯一的大绿洲的中心，坐落在世界第一个普洱茶庄园——柏联景迈山普洱茶庄园的有机茶园之中，毗邻以千年万亩古茶园为核心的景迈山芒景风景区，北向普洱绿色三角洲，东临西双版纳热带雨林区，周边聚居着布朗、拉祜、哈尼、傣、佤等少数民族，自然及人文旅游资源极其丰富。

彩云蓝天、繁星皓月、园林茶山、多彩民俗、古寨灯火让您品味天人合一的悠然雅境。酒店注重每一个细节，将人与自然、建筑与自然相和谐的绿色环保理念持之以恒，更和景迈各族原住民一起为您呈现舒适现代的豪华酒店设施、独一无二的东西方经典护理完美结合的茶SPA理疗和以纯正有机食品为原料融会中西美食特色，展现民族地方风味的养生佳肴。

为了使酒店建筑更加完美地融入茶山中，酒店建筑主要以简约木质设计为主。一栋一栋的别墅在树林里，融入了大自然中。随处可见木质的茅草亭子也是酒店一道亮丽的风景。酒店的大堂是一个小型博物馆，公共区域的陈列、躺椅、沙发都是木质的，十分精致，历史感十足。在橱柜中陈列着各种各样的名茶，最多的还是普洱茶，使人感觉古香古色。茶庄园是酒店的后花园，每天清晨，可在酒店茶亭或房间阳台上远眺晨雾迷漫的万亩茶林和壮观景迈云海，黄昏的时候，坐在酒店的日落吧看夕阳渐渐西下，晚霞飞彩。茶林近在咫尺，沿着通向茶林的小径，漫步到茶园中，呼吸雨林里的新鲜空气，在茶林里做瑜伽，令人心旷神怡。酒店的观云阁餐厅每天都可以品尝到来自山中的生态有机食品。祭茶祖的日子，和茶农一起在古茶林里祭祀茶祖，到茶山寨体验茶农的农耕生活。

在屋顶上，酒店设有公共休息区，在这里可以观赏层层叠峦的绿色茶园、山峰；可以在蓝天白云下品尝一杯咖啡、聊天；享受大自然的无限美好。傣式风格的别墅式客房分布在茶园中。酒店客房与茶林近在咫尺，有直接通向茶园的小径。酒店的每间客房有大幅的落地窗与阳台，方便住客最大限度地饱览漫山茶田。客房采用简约的装修风格，木质的地板和天花板完全融入了景迈山的美丽风景。客房布置也十分简单，却不觉朴素，简约且时尚。酒店在每一个房间都安上了落地窗，使住户可以更方便地享受景迈山特有的美景。沿着花园的台阶拾级而上，推开柚木制成的合页门，透过大落地窗满园的绿色扑面而来，站在观景阳台上，被伸手可触的万亩茶园所簇拥，香氛微醺，此刻，宁静致远。酒店餐厅也依旧是清新简约的风格，现代感十足。落地式景观门窗将景迈风光一览无余，晨曦、晚霞、云海配以柏联养生美食凸现极致美食的精髓。景迈山地属亚热带雨林气候，优越的地理条件促成了当地丰富的植物王国，景迈柏联酒店因地制宜，结合当地特色，在积极虚心学习当地传统做法和大胆地尝试创新后，终于推出了全新的"茶餐"文化，把"吃茶"也演变成一种新的时尚。

景迈山柏联普洱茶庄园是茶山旅游的胜地，有着丰富的自然景观和人文景观资源，酒店设置有茶山旅游体验的多个项目，可为客人量身定制3~7天套餐服务，并提供全程尊享的酒店礼遇服务。在茶园采茶、制茶坊制作茶饼，到茶仓贮茶，或是到茶山寨体验茶农生活，探寻茶民族生产生活方式，或是参加民族篝火狂欢晚会，聆听欣赏拉祜神乐、芦笙恋歌、象脚鼓舞，或者游览西盟、澜沧、孟连边三县民族文化奇观，以及针对客人量身定制的健康疗程套餐……酒店认为每一位顾客都是独一无二的，丰富多样的内容和体贴入微的酒店服务将带给每一位客人一生难忘的度假生活体验。

2.5.2 主题酒店设计实例

2.5.2.1 苏州文旅花间堂·探花府

苏州文旅花间堂·探花府被列为苏州市控制性保护建筑。潘宅仿潘祖荫祖父潘世恩在京城御赐圆明园宅第格式而建，是南北融合的建筑典范，既有江南民居特色的三路五进走马楼式布局，同时也有着大气典型的北方四合院格局。

整个潘宅中路被围成四座封闭式四合院。整栋围墙依然保持着江南水乡粉墙黛瓦的风貌，有着众多精美毓秀的木雕，可谓是南北民居的完美结合。2013年11月23日，一座用园林文化浸润现代美学，将人文情怀融于星级服务的正宗顶级古宅酒店落地生根，苏州2000年的富贵风雅，将用一座花间堂收藏。

道光十四年（1834年），潘祖荫祖父潘世恩得到御赐圆明园宅第的恩赏，为谢皇恩，次子潘曾莹在改造南石子街老宅时，特仿北京圆明园赐第的格局，营造成坐北朝南，三落五进，由四座四合院组合而成的大型古宅。在一片粉墙黛瓦之间，潘宅的大门低调内敛，只有镌刻于门楣之上的"探花府"三个字，隐隐透出名门望族的富贵与风雅。苏州文旅花间堂正是以陈从周先生的照片、图纸和专著为重要参照，对潘宅的建筑形制、总体布局、平面构成、立体造型、内部结构及细部装饰、庭院花木等进行深度还原，并运用正宗的古宅工法予以修缮。

潘宅的四合院格局虽取法圆明园，但建筑本身仍带有鲜明的江南特色，房子的开间窄而深长，室内屋顶采用石切上明造，即不像北方建筑那样为了保暖做有吊顶或天棚，而是梁架结构直接呈现，一目了然。一草一木，一花一树，都与建筑本身融为一体，古法自然却有着独特的灵气之美。园中一草一木自然地分布在每一个建筑的角落，与古建筑相互衬托。无论是木作、瓦作还是油漆作，都严格遵从古建筑的营造法式，用材也尽可能与原有构件保持统一，一柱一廊皆有渊源，一砖一瓦皆有来历。不大不小的中庭、深蓝色的书架、三张白色沙发，瞬间能熟悉地感受到花间堂那特有精品气质，温馨而舒适。书桌上的台灯采用了古色古香的灯罩，灯芯是现代的灯泡，在灯罩的包裹下，台灯会散发出柔和的灯光，更添房间古色古香的意境。三曲桥穿过一池碧水，太湖石环绕四周，玲珑多姿、堆叠有致。假山之上，清泉泛漫而下，形如瀑布。山石之间，一座船舫临水而建，它外形似舟，却又置于陆地之上，因此俗称"旱船"。前台是刻满花朵的青铜色长柜，这独特的纹饰与用色，宛若记录在古老柜体上的神秘暗语，似乎在冥冥中注定了花间堂与酷爱青铜收藏的潘祖荫之间有着超越时空的交集，而所有的视觉色彩也由此抽离，柜体的青铜色、花朵的胭脂色、花蕊的明黄色、枝蔓的花叶色、暗纹的栗皮色。客栈的牌子，静默地挂在那里，有像房子一样的图标，荷花仿佛从屋内飘出，诠释了花间堂有屋、有花之氛围，简约的图标，正突出花间堂简约的古色古香主题。

客房整体保留了古代的设计风格，床榻能依稀感到历史的味道，还有挑高的屋顶设计。同时推陈出新，融入了现代化的时尚元素，比如带有iPhone充电基座的电话、音响设备等。卫浴间采用了整体化的设计，用一道推拉式的木门，轻松地与卧室隔开。大理石洗漱台设计，现代气息扑面而来，暗黑色系的选择，是古朴风格的刻意回归，增加了些许的历史厚重感。以床为核心的卧室，床头背景选择了不同于套房的较为厚重的水墨画，仿红木的老式传统床头柜，配以铜质把手，恰好贴合卧室的氛围。台盆前摆放着一块厚实的地毯，两双精致的塑料拖鞋置于洗手间里供使用。冬天，光脚走在洗手间的地砖上确实有些凉。餐厅装修更多地选用了竹木的元素，显得更为自然。墙上挂着充满田园气息的手绘作品，为整个餐厅增添了些许的生机。

中西式的套餐都有不少内容可以选择，本身是套餐制的，不但可以吃饱也能吃好，除了套餐里的食物外，饮料、色拉、面包、水果则是自助式的供应，品质也相当不错，咖啡选用了太平洋咖啡的胶囊咖啡产品，配有多种口味的胶囊。一张贴心的小卡片，是管家亲手书写，在这样一个快节奏的时代，已然不多见了！字迹清晰可见，传递出的，却是一种温暖的小而美。在私人管家帮助下，很快就能办好入住登记，让人感觉这似乎不是旅行，而是在旅行途中遇到了贴心的私人管家，一切都能为你打理得体贴而周到。

2.5.2.2 首尔W酒店

作为喜达屋酒店与度假村国际集团旗下酒店，W酒店是圣·瑞吉斯、威斯汀、喜来登等豪华酒店的姊妹品牌。W酒店是喜达屋旗下的全球现代奢华时尚生活品牌，其官方的定位是"Lifestyle"品牌，业内普遍将其归类为大型的Boutique hotel路线。激发灵感、创造潮流、大胆创新的W酒店在业界影响深远，为宾客提供终极的入住体验。

　　走进酒店，十年前的作品在当下看来，依旧引领潮流。大堂一侧有一面由上百块木片砌成的墙，人走过其前，木片就会随着气流舞动，好似波浪流过，非常奇妙。首尔W酒店是亚洲的第一家，除了秉承W一贯的时尚与设计感，更深深注入韩国文化，2004年一开业便备受明星、建筑师、设计师和艺术家的青睐。求爱吧新推出针对追求感性风格的世界主义者的代表性饮料莫吉托、马提尼酒等，向韩国乃至亚洲介绍新的饮酒文化。在首尔W酒店开业的时候，拥有一张品牌定制的睡床已经不是什么新鲜事。"W酒店需要做些更前卫、有创意有想法的事情。"在一些房间摆放了特别设计的圆形床，并将整个卧室区都以圆形作为呼应。每晚还有外国或本地DJ打碟，无怪乎Woo Bar一登场即成为首尔时尚人士最爱光顾的据点，每逢周末，更是座无虚席。求爱吧内设圆形宇宙飞铲设计的DJ室、蛋形椅等，是针对追求超前流行时尚趋势的人们的，被称为亚洲"最酷最有魅力的空间"。

　　秉承W一贯的时尚与设计感，更深深注入韩国文化。W酒店更多的是无处不在的设计感。位于酒店大堂的求爱吧（Woo Bar），拥有一张全韩国最长的18米吧台、时髦摩登的蛋形椅、挂于墙上的液晶屏幕24小时不停歇地播放绚丽影像。蛋形座椅是W-Hotel的标志之一，人坐在上面时多了一种"孵蛋"的乐趣。不但融合了酒店前卫的设计，还为宾客提供了不仅仅是欣赏，同时还可以参与到设计所带来的趣味中。在日餐厅中，充满着现代时尚气息，灯光设计可谓独具匠心，细致得体地渲染着每一处意境，令宾客倍感安宁。在SPA馆中，柔和的色调让宾客感到舒心，配以代表生机的绿植，让进入SPA馆的宾客身心都能完全放松。首尔W酒店的艺术体验还延续到置于起居室（大堂）的"木镜（The Wooden Mirror）"、设在客房楼层电梯（Lift）前的"屏幕镜子（Screen Mirrors）"。W酒店最鲜明的视觉识别标志莫过于它醒目而简单的"W"，巨大的W标志悬挂或矗立，都能让人第一时间联想起W酒店。首尔华克山庄W酒店职员的全套服装（outfit，工作服）设计也给予细致的关怀。所有员工的工作服考虑到W品牌的美感风格和实际工作的功能性。

　　红白色系是酒店客房的标志色，红与白大胆而简洁的色彩搭配。圆形的红睡床是酒店卧室最特别的设计之一，连浴缸也全都是性感的红色圆形设计。客房装修风格与特色文化主题的协调：华美间（Wonderful Room），红与白的大胆而简洁的色彩搭配与给予美感的窗帘相辅相成，演绎出美丽生动的空间；仙境间（Fabulous Room），能够一边欣赏汉江，一边在客房内的巨型浴缸内享受SPA之乐趣；盛景间（Spectacular Room），盛景间的蓝色与白色的色彩搭配引人入胜，根据顾客的身体状况和氛围提供不同的芳香疗法。顶部由人工吹出的球形玻璃组合造型，犹如"春露雨珠"；另一入口处的大型木质球形组合雕塑艺术品，则夸张地表达着一种耐人寻味的自然诗意。桑拿"水区"内设可以根据自己的需求选择调节促进身体的血液循环和温度的水池及可欣赏汉江美景的位于平台的扁柏浴池等最佳设施。还可以体验最大限度地提高水的浮力效果的涡流，消除身体紧张，并根据四季的变化利用人参、甘草、大枣、柚子等各种药材的多种多样的立浴。最后结束桑拿的顾客经过为了能够更轻松地去除身上的水而设计的"热气室（Hot Air Room）"，结束在AWAY SPA的"令人惊奇的水的体验"。

2.5.3 民宿设计实例

2.5.3.1 日本虹夕诺雅·京都

民宿将传统的日式酒店和21世纪建筑风格进行结合，位于河岸边，只有乘船才可以到达，且坐落于高高的树林之上，给人一种神秘和宁静的感觉，另外还为顾客提供精致的茶艺甚至在民宿中还设立了图书馆，以满足顾客的需求。

民宿所在地大堰川是日本的王朝贵族常常进行游玩之地，而虹夕诺雅·京都则正好被大堰川的山体所环绕，整个地方体现出一种私密性和低调的奢华，人们在这儿可以度过不一样的假期。酒店仅有25间客房，民宿在进行建造时不仅注重体现日本传统建筑气息，同时加入了现代文化气息，利用日本木质轻巧灵便的特色，建造出了成群的立式结构，还营造出了民宿特有的日常感和舒适感，通过民宿的装修设计可以充分地感受到日本京都的文化气息和整个民宿所迎合的新气息。榻榻米沙发作为一种日本传统家具，在民宿中更是必不可少，它不仅仅是作为一种家具，同时也是民宿文化体现的一种美的装饰物。

整个民宿还非常注重灯光氛围的营造。在日本大和文化中，灯具是给人带来温暖和安全感的一个重要的工具。设计师经过超凡的设计所呈现出的灯具照耀着虹夕诺雅·京都的空间，为顾客营造一种安详和温暖的氛围。

每间客房都配置有高大的窗户和天花板，在客房中便可以看到溪谷美景。在浴室内同样设有高位窗户，在享受沐浴的同时还可以享受大自然的美丽景色。客房采用日本最为传统简约的木质装修风格。客房的布置也如日本传统设计风格一样，十分朴素简单。日式榻榻米、观景沙发为标志的日式家具，同时又符合客房设计特点。酒店餐厅用色灰暗、低沉，但彩色的灯光背景墙使餐厅黑色的主色调极富现代感。

日本茶道源自中国，人们常常以茶会友。通过品茶，通过茶会，学习茶礼，陶冶性情，广交天下之友。民宿植入地域文化内涵，提供和服体验、插画学堂、京唐纸制作、闻香悟道等服务活动，使顾客可以从每一处细节体验到日本传统文化。

2.5.3.2 丽江大研古镇"隐泉"客栈

丽江是我国旅游业发展相对发达的地区，其民宿的发展也是相对较早的。隐泉民宿依山而建，具有鲜明的当地特色，整个民宿创意性地建造了观景台，通过观景台可以俯瞰丽江全景，整个酒店由13间客房、三座两层单体建筑组成。位于山上的入口与山路只有一堵白墙相隔，墙上没有窗洞，即使是门充其量也就是墙上开的一个洞口而已，尽管它的形制采用了简化了的传统纳西民居的入口大门，但是通过与丰富的山顶景观、白墙的对比，强调了这个民宿给人们的印象。

进入门内，若不是看到招牌上写的"欢迎入住"，顾客会以为走进了一个观景台或是露天茶馆。整个大研古镇尽收眼底。沿着楼梯继续向下就走到了下层平台，这是民宿的入口：两座民居的屋顶连同山墙被卡在平台之中，而且平台材质与民居也明显不同。

民宿走廊内的屋顶采用透明玻璃进行搭建，这样整个酒店在阳光洒下来时便被赋予了更多的变化。下小雨时，在酒店走廊内便可以听到滴滴答答的雨声，声音来自于桌子上的陶瓷碗，上方的玻璃被钻出大小正好的洞，下雨时雨便可以通过洞口正好落在碗里，不管你见过多少风景，都会被这灵巧而又精细的设计而打动。

整个酒店大多采用的是木质结构，在细节之处体现出酒店的独到之处，给顾客带去不一样的体验，整个民宿的建筑设计都体现着当地的特色，民宿还专门为爱好茶饮的客户提供了专门饮茶的地方——饮绿轩，一边喝着茶水，一边欣赏着美景，给人带来一种宁静，给顾客一种慢，慢，再慢的生活体验。

第三章　特色酒店新锐：野奢型度假酒店 [①]

　　在这个科技与规划弥漫的时代，人们渴望一种个性化的突破，尤其是在休闲消费中。这就要求酒店接待的一种转型。在对目前酒店业发展现状深入分析和深刻理解的基础上，业界提出了"野奢酒店"的概念，并将其引入现代酒店的规划策划设计中。"野奢酒店"因野而奢，能够满足时尚人群身体享受与心灵回归的双重追求，从而引领休闲的新时尚。野奢酒店是以山野、乡野、郊野、田园、乡土等区域为背景，以乡土、原生态建筑为外观，内部豪华奢侈的接待酒店，是近年国际新型的高端休闲旅游接待方式。这种在最原始、最荒野的地方修建的，与环境融为一体的豪华"帐篷"或"小屋"，能够满足高端消费者对于自然和奢华的双重追求。

3.1 概念特征

3.1.1 概念

　　野奢酒店（Rustic luxury hotel）是以原生态自然环境为背景，乡野建筑为外观，内部豪华奢侈，提供高端服务的新型酒店。注重生态体验极致化，属目的地型的高端度假住宿形式，具有强烈的个性特征和边界条件。在酒店日益同质化的今天，消费者对于个性化酒店的需求日益旺盛。野奢酒店独辟蹊径，将人工建筑与自然环境、生态体验与奢华享受结合在一起，成为国内外新兴的时尚休闲旅游接待方式之一。

---

① 　相关内容借鉴自奇创旅游，详情请参阅奇创。

3.1.2 特征

3.1.2.1 地处荒野

野奢酒店的选址区域主要集中在远离城镇，自然生态环境保护较为完好的"边缘化"地带，如非洲或中东的沙漠，太平洋或印度洋上的孤岛，以及蒙古大草原或澳大利亚内陆的土著居民区，都有世界顶级的奢华酒店分布。

3.1.2.2 奢华舒适

野奢酒店自然朴拙的外表下配备一应俱全的豪华酒店设施，提供名贵的酒水和食品，举办格调高雅的歌舞盛宴。酒店的客人能够在诸如沙漠或荒原这样的恶劣自然环境中享受到城市酒店所能够提供的一切奢华享受和社交体验。

3.1.2.3 景观协调

野奢酒店的外观与周边景观通常保持协调一致。周边景观包括自然环境与人文环境两类。自然景观是指受到人类间接、轻微或偶尔影响而原有自然面貌未发生明显变化的景观，如沙漠、雨林、海洋等；而人文景观则泛指野奢酒店所处区域的建筑、服饰、音乐等叠加了当地文化特质而形成的景观。野奢酒店开发者通过对当地的自然和文化资源的科学管理和有效整合，创造酒店吸引物，提升酒店的整体市场竞争力。

3.2 野奢型度假酒店一般设计要求

3.2.1 低调

野奢型度假酒店通常采用非常低调的风格，摒弃了高楼大厦和引人注目的建筑风格；往往位于风景绿荫之中或山中，以一山一水的自然方法来同周边环境完美契合。

3.2.2 私密

野奢型度假酒店非常强调酒店的私密性。通常酒店是以别墅和分散的小型客房楼来提高和加强住店客人的私密性。一个楼层是几间或者几十间客房的情况在野奢型度假酒店是不会出现的。为了确保客人的私密要求，野奢型度假酒店越来越倾向于以别墅为主。

与旅游目的地的顾客相比，精品度假村往往有着截然不同的顾客群。大部分顾客来到精品度假村是为了享受私密而又无与伦比的奢华与梦寐以求的放松氛围，并能很好地享受当地的文化与环境。

3.2.3 奢华

精品度假酒店通常采取低调风格使得酒店的建筑外观显得普通和"简陋"，如茅草屋、砖瓦房或者竹楼的建筑外观等。但是，酒店的内部装饰是非常奢华的，大都采用低调、奢华、复古的风格。

3.2.4 当地风情

精品度假酒店的个性化很高，酒店品牌管理公司在建筑设计方面强调要与当地风情、文化和风俗紧密结合，与当地自然风景风貌有机联系。实际上每一家精品度假酒店的风格都各不相同。

3.2.5 舍弃常规

没有一家精品度假酒店是按标准模式建造的，传统酒店所需的"标配"在此可能都有缺失，但每一家精品度假酒店都让人难忘，并且同当地环境完美融合是精品度假酒店有别于一般度假酒店的明显标志。

3.2.6 时尚与创新

作为定位高端的服务产品，精品度假酒店既迎合了市场由大众化消费向个性化、体验型消费变换的潮流，同时也引导了一种新的时尚消费方式。正如一些著名品牌酒店自我宣扬的：我们不只是一个酒店品牌，更是一个标志性的生活时尚，为客人们提供前所未有的独特体验。精品度假酒店的时尚与创新体现在环境、设施、服务、经营方式等各个方面，包括运用新科技增加服务产品的含金量，提高宾客舒适度与独特体验的感受。如一些精品度假酒店客房设置不同的灯光模式、客房内配有触屏式IP电话、客房送餐电子点菜单、DVD客房影院系统等。

3.2.7 专业化运作

精品度假酒店采用"资源外包"策略，即专门从事与自身能力相匹配的业务，尽可能以"外包"形式剥离非关键的生产经营环节，使有限的资源用于经营中的核心环节——客房产品上，将客房收入作为酒店利润最主要的来源。

3.2.8 注重设计

一般来说，精品度假酒店房间的数量都比较少，通常少于100间房。餐厅的选择都是很有限的，一般只有一个，还有其他的设施，像会务中心、商务设施等也都不如传统酒店那么多。精品度假酒店比较注重设计的元素，所有的设计都是以设计师为主，并把设计师作为主要的卖点。有的酒店有一个固定的主题，这个固定的主题可能出现在一个房间里面，或是出现在酒店内部某一个区域，或是出现在某一个餐厅里面，甚至有一些很特殊的设施。另外，精品度假酒店注重自然环境和地貌特点，强调地区文化。

3.3 野奢型度假酒店的关键因素

3.3.1 牢牢把握野奢酒店的经典特质

遵从"大成熟小偏僻"的选址原则；环境尽可能"野"：环境原生/惊艳景观；体验尽可能"奢"：尽可能提升与大自然的亲密指数与体验等级；以目的地型度假酒店为目标来打造。

3.3.2 从实际出发，注重本土化特征的营造

依托不同类型资源，挖掘中式元素；极力寻找目标细分市场，洞察其需求特征；结合顾客群需求进行功能布置、时间分配、活动设计等；衡量开发及运营实力，适时运用外部资源（包括国外成熟酒店的品牌输出合作）；评价环境（资源）特征，不打"伪野奢牌"。

3.4 野奢型度假酒店的设计原则

3.4.1 突出个性风格设计，突出奢华体验，强调与室外空间的融合

野奢生态度假酒店融入生态的设计理念，考虑与环境融合的关系，或与原生态相映，或与当地风格相结合，或简洁清爽，采用名贵的家具，突出文化主题，强调高品质，采用符合国家规定的绿色生态材料，注重软装饰设计，注重室内外过渡空间。室内设计突出个性，突出奢华体验。

3.4.2 选址

具备观赏价值、游憩价值；保证安静和私密性；周边有大城市资源，或依托相对成熟的旅游环境，保证一定的市场基础；场地的形态与结构保持完整；开发难度较小；场地难度、村民影响、政府支持、基础配套；环境保护与环境安全方面有工程保护措施，环境安全得到保证，无污染。

3.5 经典案例

3.5.1 金三角四季帐篷营地酒店

金三角四季帐篷营地酒店位于缅甸、泰国、老挝三国交界处的金三角（Sop Ruak），是四季酒店旗下的度假酒店品牌。金三角四季帐篷营地酒店位于清莱，是家五星级酒店。是清莱最受欢迎的酒店之一。凭借独有的人文素养和其婉约美丽的殷殷之情不断吸引着广大顾客的到访。舒适度作为金三角四季帐篷营地酒店所有客房的首要标准，一切设施都以此为目标，一定不会让您失望。酒店宽敞的客房，设施齐全，让您瞬间忘记旅途的疲倦。

移动互联网时代怎可没有网络，这些，金三角四季帐篷营地酒店都为您想到了。酒店提供免费Wi-Fi，大部分房间网速较快，畅游互联网毫无压力。如果您想在旅途中享受游泳带来的清凉与快乐，那没有比金三角四季帐篷营地酒店更合适的选择了。酒店配有游泳池，您可以尽情享受水之乐趣。品质彰显与细节之

中，饮食，也是旅途中不可错过的风景。在金三角四季帐篷营地酒店，您可在餐厅享用到传统的清莱美食。金三角四季帐篷营地酒店还会提供一项住宿的免费政策。

每个客房都配有空调、浴袍、书桌、吹风机、房内保险箱、液晶电视/等离子电视、浴缸、淋浴设施、卫星频道/有线电视、按摩浴缸、免费瓶装水、电风扇、冰箱，希望能让客户在入住时更加愉快惬意。酒店的房型有多种选择，提供了套房（含早餐），房间布置都到位，服务员也很热情。简而言之，客人在金三角四季帐篷营地酒店享受的服务与设施会有宾至如归的感觉。再讲究的客人也能在酒店得到满意的服务。具体可享受的服务如下：

- 乘坐简易木船穿越湄公河，走过吊桥抵达
- 15栋帐篷酒店隐藏在森林中
- 四季酒店旗下单价最贵房间：1800美元
- 四季酒店旗下规模最小但设施俱全酒店
- 2009年8月荣获Conde Nast Traveler杂志评选的世界第一酒店

1/5的服务比例（30最大当晚入住量/150服务人员数）+2/3/4晚配套服务+多样活动（丛林探险观鸟/金三角短途之旅/清莱城市观光/手工艺体验/山川之旅等）+日程制定，确保服务品质。设计元素：野性/精致/复古。

3.5.2 中国莫干山裸心谷度假村

莫干山裸心谷位于浙江省莫干山，由裸心酒店管理集团推出。之所以叫裸心，是为了迎合目前人与自然协调可持续发展的理念，为了体现远离都市浮躁纷繁，放下一切心灵负担，在自然中无压力放空的理念。

裸心谷在一个私人山谷中，是豪华自然养生中心，有365亩的面积，周边是丰茂的植被，有竹林，有村庄，有水域，环境优美空气清新，远离都市。裸心谷内建筑均为树顶别墅和夯土小屋，这些建筑的材料都是采用环保材料，其中的121间客房都分布在这些建筑中。除了住宿的设施，裸心谷还有许多用于休闲养生的设施，裸心谷内有三个室外游泳池，三个泳池中有一个可以冬季加热；裸心谷内还有可以骑自行车锻炼的自行车道和登山锻炼的登山道，以及可供旅客体验的有机农庄，让旅客接近自然在自然中享受自然；裸心谷内还有750平方米的水疗养生中心，有的理疗中心位于竹林深处的房屋之中，景色优美，寂静

安逸。

在休闲方面，裸心谷还针对不同人的需求在一个小湖边设有裸心小馆，裸心小馆有四个分区：茶艺、竹艺、设计、陶艺。每一个分区分别设在一栋不同风格的建筑里。在不同的分区里，旅客能得到不同的文化体验与享受，可以自己动手制作手工艺品，亲自摘茶树上新鲜茶叶或在茶艺馆里品尝"白茶"，在陶艺馆里动手制作茶壶，体验当地生活方式。远离都市，自然至上，寻求原乡的回归，可谓世外桃源。

单间住宿：树顶别墅——工作日2200元/周末2850元；夯土小屋——工作日1500元/周末1900元。能享受如下项目：

- 屋顶别墅：宽广露台带来无障碍的绝佳视野，藤质的沙发椅，BBQ的烤炉。
- 夯土小屋：非洲圆形茅屋，室外露台，部分小屋是圆床和有户外淋浴设备。
- 居住体验：结合亚洲和非洲风情，把非洲的粗犷热情，利用天然建材，与自然融为一体为裸心的最高原则。
- 配套体验：有机餐厅酒吧是裸心谷最引以为傲的，装潢及菜色融合了亚洲及非洲的风格，以当季最新鲜的食材为主，满足来宾的味蕾。
- 娱乐体验：娱乐项目紧扣自然主题，多元化的娱乐体验，强调参与性；娱乐项目的打造具备大规模的用地。

第四章　特色酒店经营与管理

4.1 特色酒店管理基础

4.1.1 特色酒店管理的意义

21世纪初期精品酒店作为一种新的酒店形式开始引起了国人的注意，有一些国外的精品酒店开始入驻中国，自此之后在中国掀起了一股精品酒店风，这股风尚也带起了我国发展精品酒店的潮流。与此同时一些主题酒店、民宿等一批特色酒店也如雨后春笋纷纷涌入市场。为了更好地发展特色酒店，必须依据科学的酒店管理方法。

第一，在特色酒店中科学的管理意味着首先有科学的组织设计。组织是为组织目标的实现服务的，是以自己的生产特点、人员实际能力作为基本的考虑依据的，科学的组织设计可以使组织形式与特色酒店的运作需要达到最佳的契合，可以通过科学、合理的组织设置减少不必要的管理层次、避免人力资源的浪费和提高管理工作效率，从而为特色酒店获得最佳效益奠定基础。

第二，科学的管理意味着要在酒店中建立起具有自己特色的"经营管理人格化模式"。在特色酒店中则体现为"管家式个性化"酒店管理模式。特色酒店也是劳动密集型企业，每个人的行为都将对特色酒店的管理模式和经营效果产生重要影响。人是酒店的核心，人也是产品的核心，人的行为直接成为酒店产品的一部分，能否使每一个人的行为与酒店行为模式相吻合就成了影响酒店产品质量的关键。但是，酒店中的每一个人都有着自己的行为特点，要使酒店中的每一个人都能够按照一个统一的行为模式来从事自己的工作，酒店就必须具有一个统一的行为模式和支持这种行为的理念模式。科学的企业管理就在于要努力实现这样一种统一化的管理，以减少个体行为对酒店整体产品质量的影响。

第三，科学的管理将以明确组织中每个人的"责、权、利"作为管理的基础，只有具备了这样一个基础，酒店中的每一个人才可能各司其职，才会有真正的工作动力，人力资源的效益才可能得到正常的发挥。

第四，科学的管理就在于要明确酒店管理的基本准则，使得酒店的所有活动都在一个共同的准则指导下进行，避免各自为政和自以为是，这是建立企业正常秩序的一个基本的前提。在特色酒店中这一准则就是指"管家式"的服务模式。有了这样一个基本的前提，酒店中方方面面的工作就可以有序地进行，避免互相推诿和扯皮现象的发生，从而提高管理效率，为企业创造管理的效益。

第五，科学的管理可以克服在特色酒店管理过程中人为经验的局限性，把众人的经验统一到一个科学和标准的模式上来，有利于保障和促进特色酒店的健康发展，使酒店的各级管理人员能够做到不断超越自己，引导酒店不断发展和壮大。

4.1.2 特色酒店管理内容与特点

4.1.2.1 特色酒店的管理内容

目前，特色酒店代表的是一种同主流酒店的标准化和同质化相对应的个性化产品，是一种反标准化的业态。市场对服务行业的要求越来越高，对从业人员的素质要求也越来越高。传统星级酒店一板一眼的标准化服务，是对历史经验的积累和总结，近年来星级评定和复核从严从紧，也是对行业标准的尊重。跨出标准化的区域之后该如何创造个性化，是精品酒店管理者们必须思考和亟待解决的问题。其实，任何个性化服务都必须以规范化服务、标准化服务为前提，任何脱离规范化、标准化的个性化服务，都会事与愿违。不可否认，特色酒店因人而异的个性化人文关怀和智能化服务，已成为酒店业界突出传统服务观念的新一轮引爆点。但必须认识到，"标新立异"的个性化服务很难保证高品质，且受众面有限。曾有酒店专家剖析：如果用100分来形容服务，60分代表标准和基础的"标准化"，40分代表个性和补充的"个性化"，二者完美结合才是王道。特色酒店要想从真正意义上实现标准化与个性化融合发展，就必须在管理机制上狠下功夫。其一，必须强化服务人员的专业水平，着力培养复合型"管家"人才。个性化服务代表特色酒店服务的最高水准，需要服务人员多才多艺和具有灵活的适应能力，以及良好的工作态度、主动服务意识、规范操作程序等，此外，还需要具有敏锐的观察力、灵活的处变能力、丰富的工作经验和良好的素质。其二，必须能够满足某一消费群体的个性需求。要通过酒店环境氛围，为宾客提供一个比家更理想的好去处，通过提供超越标准服务的差异化的服务，抓住宾客的心理需求。在细微之处打动人心，让专属服务令宾客喜出望外。

例如，罗莱夏朵（RELAIS & CHATEAUX）的成员遍布全球，各分店风格各异，多姿多彩。有古老的城堡，浪漫的乡间庄园；有地处异域天堂的魅力客栈，如位于自然保护区的山间木屋；也有独树一帜的现代艺术酒店。集团成员平均拥有30间客房，从而能保证为您提供温馨周到的个性化服务。为了使您在罗莱夏朵度过完美假日，全体人员都将尽力满足您的每个细微要求。由于其出色品质，旅行休闲（*Travel & Leisure*）杂志及其他美食指南都给予罗莱夏朵精品酒店集团及其成员极高的评价（集团麾下美食家餐厅成员总共拥有300多颗米其林星[①]）。

罗莱夏朵精品酒店集团自成立以来一贯秉承5C原则，即：Courtoisie（殷勤）、Charme（魅力）、Caractère（独特）、Calme（宁静）、Cuisine（美食）。

- Courtoisie 殷勤——罗莱夏朵成员将始终如一的服务质量和殷勤周到的待客礼仪奉为宗旨；
- Charme 魅力——集团成员酒店及餐厅细节完美的内外设施，让您充分享受奢华魅力；
- Caractère 独特——不论是城堡、庄园还是昔日的修道院，每个罗莱夏朵成员都拥有独一无二的特色风格；
- Calme 宁静——所有罗莱夏朵成员都位于风景如画的世外桃源，带您远离都市喧嚣，在静谧的大自然中放松身心；
- Cuisine 美食——享受美味佳肴一向是罗莱夏朵引以为荣的传统，集团旗下拥有众多具有世界声誉的顶级餐厅，您可在度假休闲的同时大快朵颐。

5C原则不仅是罗莱夏朵的品质承诺，更是集团深入人心的经营理念。

4.1.2.2 特色酒店管理特点

特色酒店的服务在服务管理方面推崇管家式服务，所谓的管家式服务就是

---

① 米其林美食指南：被世界美食界奉为圣经的美食家餐厅指南，评级由1到3星，3星为最高级别。获得米其林美食指南星级是众多高厨的毕生追求。

酒店为每一位宾客配备一名贴身的服务员，负责宾客在酒店一切活动所需要的服务。这一服务模式起源于英国皇室，是目前精品酒店最常见的。精品酒店的管理、服务趋向于为高端客人量身定做的精细服务，要体现家的温馨与舒适，做到"A home away from home"。"管家式服务"不仅可以让顾客有"家"的感觉，而且用"管家"取代传统酒店的大堂副理，一对一的服务方式可以更好地了解顾客的需求，在服务上更能贴近顾客，为客人提供全方位、全过程的个性化服务和"贵族式的贴身服务"，给顾客真正带来"宾至如归"的感觉。管家式服务，用"家"的经营理念营造"家"的氛围，通过精细化的服务最大限度地满足客人个性化的需求，让客人有归属感。细节服务不仅要求为宾客提供无微不至的服务，还要学会发现宾客的潜在需求，制造更多的惊喜，比一般的星级酒店更贴心、更细致。

例如吉隆坡Maya酒店，房间里配备高级的浓缩蒸汽咖啡机，这种情形不是所有的酒店都能有的体贴。客人入住，每个楼层甚至提供24小时的管家服务，为客人及时提供洗衣熨烫等服务。无论这种"管家式的服务"是舒适、专一甚至是精细的一套服务流程，还是时尚、艺术、亲切的一种服务风格，都必须像是给顾客量身定制的，都必须让顾客在享受"管家式服务"的温馨与舒适中能体验到一种家外之家的感觉。贵族式的管家服务在服务理念上，追求"快、专、细、暖"。"快"就是服务的及时性，全天候24小时无中断，从时间上、质量上保证服务的快速性；"专"是指服务的专一性和专业性，一对一的对客服务，更好地满足了顾客的各种需求；"细"是指精致和细微的服务，采用"管家式"的服务方式，对客人生活中的点点滴滴都做到事无巨细；"暖"是顾客在享受"管家式服务"的舒适中能体验到一种温馨的"家"的感觉。

特色酒店的经营理念是为客人打造"家外之家"，在服务细节上要求更加舒适、更加适于居住，从而营造与标准化的酒店截然不同的住宿体验。精品酒店通过为客人安排一对一的贴身管家，提供专属性的服务，旨在满足宾客个性化的需求，使客人倍感亲切和归属感，从中享受家的温暖。由于特色酒店一般规模较小，客房数大多在百间以下，其经营项目主要以客房、餐饮和会议设施为主，并不追求大而化之、面面俱到的服务。因此酒店在服务管理内容上需要更加精雕细琢，注重每一个细节，以别致的装饰和细腻的服务创造出名副其实的"特色"酒店。在服务管理方面特色酒店更加追求"个性化管家式服务"（以下简称"管家式服务"）。在特色酒店中，管家式服务就是指在宾客入住过程中，有专门服务人员充当客人临时的私人管家、私人助理，按照宾客的要求处理入住时间内一切需要解决的问题，并且针对不同的宾客提供更加个性化的服务。通过关注不同宾客的入住细节问题，提供超前服务，确保每个入住宾客都能够满意而归。特色酒店的管家式服务就是完美、及时、尊贵、个性的最好体现。

特色酒店的这种管理模式与传统的模式化管理模式截然不同。可以说是"量身定做"的真实再现。这种"管家式"管理模式，来源于英国皇室传统的"贴身管家服务"。酒店为每位客人配备的专职管家能最大限度地满足客人个性化的需求，入住酒店的客人除了满足基本的生理需求，还能感受到亲切、殷勤、真诚的服务态度和享受到专属的服务。所以为了达到这种效果，特色酒店配备的员工人数比一般的五星级酒店多出许多，如此便能够最大限度地为往来宾客提供最优质的服务。例如，台北市的"三二行馆"虽然只有5间客房，却聘用了70个员工，这样的员工对客人的比例自然能提供细致的服务。

特色酒店通过贴身管家体贴入微的服务管理模式，能够最大限度地满足顾客个性化需求，从而使得顾客满意度最大化，进而成为特色酒店的忠诚顾客。对于特色酒店来说，服务管理方面追求个性和定制化，最大限度地为顾客提供贴身个性化服务能够让往来宾客感受到最舒适的享受。因此，服务管家的服务管理水准将决定顾客对酒店的满意度。

一个世纪以来，无论是西方酒店业还是中国酒店业，都经历了一个从情绪化服务向个性化服务发展的阶段，特别是特色酒店以及民宿客栈的出现，使得个性化服务被整个行业更多地提及。现代化酒店业的宗旨是"顾客就是上帝"。管家式服务的出现为世界酒店业的发展指明了方向，它是一种更高层次的服务思想和经营理念，将为新世纪酒店业竞争优势的确立奠定稳固的理论基础和实践指导。

4.1.3 特色酒店管理模式

目前，国际上精品酒店的经营管理模式可以分为以下几种：

4.1.3.1 大型酒店集团的精品酒店

指世界著名酒店集团旗下的系列品牌中的精品酒店品牌。如喜达屋集团的W酒店、洲际集团的Indigo。虽然有人质疑房间数量多达数百间的W酒店，这种连锁化、规模化的经营模式是否属于纯粹意义上的精品酒店，但不可否认W酒店的产品开发、市场定位、经营理念与精品酒店的特质吻合。W酒店的定位年轻时尚，打破传统的功能布局，强调产品形式与内容的个性发挥。酒店在设计上不仅追求简约时尚的审美艺术，还融入反传统的优质服务理念，是对以往大众化酒店的颠覆。如有的W酒店大堂被设计成如同家居客厅，宾客休息区设计在大堂的正中间，让宾客一到了那里感觉就像到朋友家里做客。红白相间的客房色彩、宽敞的圆形大床、球形的太空椅，所有设计都充满了艺术与时尚的气息。W酒店自1998年在纽约首次亮相后便在全球掀起了一股风潮，品牌迅速扩张。

4.1.3.2 专业精品酒店集团

指专门从事精品酒店产品开发与经营管理的酒店集团，具有代表性的是新加坡的悦榕度假酒店集团（Banyan Tree Hotels & Resorts），酒店主要分布于亚洲地区。悦榕集团定位开发和管理高级精品型度假市场，在产品与经营上强调亚洲传统的文化理念和环保意识的融合，悦榕SPA成为品牌的核心产品。新加坡的安曼集团（AMAN）同样是一个追求特质的精品酒店集团，荷兰裔印度尼西亚人阿德里安·纪卡（Adrian Zecha）于20世纪80年代创立了该品牌，酒店个个迷你精致，或融入自然风光或置身历史遗迹，选址非常独到不凡，设计充满地方文化元素。目前AMAN酒店已遍及法国、美国、摩洛哥、印度、菲律宾以及柬埔寨吴哥窟、泰国普吉岛、印度尼西亚巴厘岛等地。例如，印尼安曼佳沃酒店，安曼佳沃酒店像个诗人守望婆罗浮屠的老者，"婆罗浮屠"（Borobudur），源自梵文，就是"建在山丘上的寺庙"的意思。8世纪中期由当时皈依佛教的夏连特拉国王督造，动用了数十万工匠、搬动了225万块岩石，花费70年时间，才建成了这座世界上最大的佛教建筑。安曼佳沃酒店的地点也是得天独厚，建在离婆罗浮屠2公里开外的曼诺山的山坡上。佳沃酒店由安缦御用酒店设计师Edward Tuttle着力打造。他的设计想法是以婆罗浮屠的建筑理念为蓝本，外围一圈莲花池，度假村的主建筑宛若由水中央冒起。外方内圆、交错镂空的方形、菱形石灰石砖墙，舍利塔状的钟形黑色屋顶，营造出一种庄严的氛围。设计精妙之处还体现在，酒店的视觉中轴对准了2公里外遥遥相望的婆罗浮屠，无论身处酒店的餐厅、走廊、泳池，还是客房前的卧榻上，总是能望到婆罗浮屠的塔顶。GHM是另一家成立于1992年的精品酒店管理公司，GHM酒店分布于东南亚许多国家的海边或度假胜地，如巴厘岛、清迈、普吉岛、兰卡威、会安，在阿曼和美国迈阿密、意大利米兰也有其踪迹。GHM总监及总裁 Hans Jenni 表示："一直以来，我们屡获全球多间酒店及度假村邀请，负责管理其物业及建立品牌。但我们只选择与拥有共同目标和理念的公司合作，携手打造最出色的物业，成为当地最夺目的建筑。"每间GHM集团旗下度假村及酒店均独一无二，且秉承集团一贯的作风：拥有卓越出色的设计、将当地文化融合于设计细节当中，呈献顶级的个人化服务，为宾客打造独特尊贵的生活体验。设计师精心打造GHM 旗下各酒店及度假村的每一角落，并与景观、灯饰、陶瓷壶及铜质蜡烛台互相配合，以当代设计缔造和谐舒适的环境。

4.1.3.3 单体独立的精品酒店

从全球看，依靠集团化运作的精品酒店品牌发展优势明显，占据着越来越大的市场份额。然而，如果说满足功能性消费的酒店产品通过复制更趋向形成产业集中模式的话，那么迎合个性化消费的精品酒店存在的价值，就是为了满足人们追求独特、与众不同的个性体验需求。从这个意义上说，精品酒店市场存在着差异化发展的巨大空间。从现实看，一些点缀在城市、景区酒店群落中形形色色的精品酒店虽然在大众视野中没有得到充分关注，但因为其极富创意与个性色彩，让钟情于此的消费者津津乐道。如上海88新天地城市精品酒店，位于上海繁华的娱乐休闲区，是朗廷旗下的上海精品酒店。作为糅合传统与现代风格的上海精品酒店，88新天地经典不失时尚，成为上海精品酒店的典型代表。附近不但名店林立，著名食府和历史古迹也近在咫尺。又如，杭州的富春山居。富春山居度假村位于杭州山水秀丽的富阳市富春江畔，其包括富春别墅、度假酒店及SPA、高尔夫球场、富春阁和上海T8餐厅，以中国历史文化为元素，用西方现代设计观念呈现出中国建筑艺术的精美风格。富阳富春山居度假村开业时间2004年5月6日，楼高3层，共有客房总数70间（套），别墅17套，标间面积36平方米。

特色酒店的兴起是对传统星级酒店单调服务的一种厌倦。星级酒店因为提供的服务过于全面而无法满足服务的个性化，以及酒店大堂的公共空间设计无法保障顾客的私密性，使得众多的商务、休闲人士转往特色酒店寻求新的体验。因此，特色酒店在创新管理方面要做到：

（1）酒店设计风格管理

特色酒店在区位的选择上没有具体的要求，而是花更多的资金在设计和装修上。在旧式建筑的基础上通过专业设计师的创意设计，无论是酒店外观，还是内部装饰的艺术品，以及客房家居摆设，都体现最时尚的设计和美感，营造出一种别具特色的酒店氛围，这也是精品酒店的最大魅力和核心竞争力所在。它强调功能布局及设计的独特性，酒店的客房不再仅仅是一张睡觉的床，顾客可以把它看作新的生活体验。慕尼黑建筑师豪塞尔为迪拜设计了全球第一家海底酒店，灵感来自科幻小说《海底两万里》。客人在穿越玻璃隧道进入大堂的途中可以欣赏到无与伦比的海洋美景。精品酒店的设计氛围应能充分体现某一个主题文化特色，大部分精品酒店都通过建筑外观、室内空间布局、园林景观、软装小品、家具配饰，甚至灯光、香薰、背景音乐、员工服饰等进行营造。特色酒店的文化氛围设计追求的是能以其独特性和文化性带给客人不一样的体验和满足，并在消费者心目中赢得极高的辨识度。例如，开在北京颐和园边上的北京安缦颐和园酒店，在设计上宛若"皇家园林"。该酒店共有51间客房和套房，套房分三个等级，其中最大的一套为皇家套房，为一个独立的四合院设计。其客房内展现着明式住家的家具风格，空气中弥漫着檀木的气味，桌椅均镂刻精美的古典图案。入住期间，可看到穿着大长衫或旗袍的酒店服务员穿行其间，古朴的宫灯高高悬挂。这些元素都体现了中国的传统文化，令每位入住的客人都深深感受到醇厚的京都历史文化氛围。

（2）酒店产品文化内涵管理

特色酒店要围绕一个鲜明的主题打造特定的氛围。整个酒店的建筑设计、环境布置、酒店用品的摆放都应体现着酒店的主题观念。特定的文化主题使入住的客人能够感受到独特的文化底蕴和尊贵感，并带来特有情趣体验。特色酒店的入住客人往往渴望从酒店环境氛围中体验到当地的浓郁文化特色和酒店本身的历史文化痕迹，在酒店获得更多新奇的、与众不同的感官体验。例如印度尼西亚巴厘岛硬石酒店以摇滚音乐为主题，所有房间都提供互动式影音娱乐系统。酒店内还展出音乐文物、老唱片封面、歌唱家穿过的演出服等。

因此，特色酒店所提供的产品必须进行全新的编排设计，将传统酒店产品结合主题文化进行重新编排、组织和包装，打造精品酒店产品的独特性和唯一性。例如，云南丽江悦榕庄酒店紧扣地域文化主题，为新人设计出了具有纳西族色彩的婚礼仪式及蜜月的情侣度假套餐，让宾客在独特的风土人情与自然风光中享受专属的浪漫，为宾客的人生旅途留下抹不去的美好记忆。再如，北京四季酒店独家推出"城市·发现"体验之旅，重在为外地宾客展现北京生活的真实一面。这一"产品"包含让客人探索当代中国艺术、感受传统中华医术良药、徜徉时尚购物广场、亲临故宫皇家居所、遍尝北京地道美食、漫步胡同历史探幽等内容，可带给宾客从未有过的惊喜与体验。特色酒店同样可以借鉴四季酒店类似的做法，以住宿设施为依托，文化、地域等作为背景，通过创新的设计管理，增加酒店产品的个性化、特色性，从而使特色酒店更好地进入市场，满足宾客个性化需求。

4.1.4 当代特色酒店管理方法与艺术

4.1.4.1 精致的服务

如果说精心设计是打造特色酒店"形"的话，那么，精致服务则是体现特色酒店的"魂"。相对于传统酒店，特色酒店应当给客人更加细心和贴心的服务。而要达到精致服务必须通过以下两个措施：一是以提供全程个性化管家式服务作为精致服务的形态；二是以某种"主题文化"作为精致服务的内核。二者充分结合，才能相得益彰地为宾客带来独一无二的消费体验和尊贵享受。

（1）以全程个性化管家式服务作为精致服务的形态

传统星级酒店只针对VIP提供管家式服务，或只是在商务楼层提供管家式服务。而在特色酒店必须要将每位客人都看作VIP，而且还要做到全程的、个性化的管家式服务，这才符合特色酒店的市场定位，也才能与高消费的房价相匹配。例如，极负盛名的安缦度假村，基本每一位客人都会被3个以上的员工照顾到。该度假村所提供的管家服务十分细致，哪怕是客人习惯把遥控器放在左床头还是右床头这样的事情，都会被酒店记载在案，更不用说客人早上是喜欢喝果汁还是咖啡了。管家体系下的总经理成了大管家，总经理不时地在大堂迎宾成为特色酒店标准的待客之道。不多的客房数量和并不因此而减少的员工数，也让员工与客人之间的互动性、亲和力更强。贴身管家们则可以陪客人聊天，甚至可以带客人领略当地的风土人情。

（2）以"主题文化"作为精致服务的内核

作为特色酒店，必须使客人始终沉浸在其鲜明的主题文化氛围之中。在让客人接受管家式服务的同时，也要能让其充分感受到这一主题文化的意境，这必须成为精品酒店研究服务方式方法的指导思想。如果说酒店硬件、产品、服务是"形"，那么就需要在"形"之上增加与之相应的"意"，即文化内核。总之，必须做到形意兼备，客人才能从精致服务中得到良好的体验效果。

（3）转变服务模式，由点式服务向全域全程服务转变

同传统的星级酒店相比，特色酒店的管家式服务应该是全程性的。因此需要将传统的点式服务、标准化服务转变为全程全域服务。而全域全程服务的关键点在于旅客在居停期间，从预订到入住下榻，从居停期间到结账离去，各个关键节点有专人对接和服务，提前对客人居旅期间行、食、宿、游、购、娱各方面全程全域做妥帖、周到、细致、精心的个性化、人性化安排。全程全域的管家式服务作为特色酒店精致服务的一部分，应当贯穿于顾客消费的全过程。这就需要特色酒店经营者求变，打破传统酒店岗位设置和操作流程，将传统酒店模块化模式、点式服务转变为全程全域服务。当然，这些对特色酒店的岗位设置、服务流程和标准、人员选拔和培训等都提出更高更新要求。

4.1.4.2 注重市场消费形式的转变——大众消费模式转向圈层消费

当下，是圈层的时代。从注重大众消费转变为注重圈层消费，既是社会变革的需要，也是消费者消费行为新的体现方式。古语有云：物以类聚，人以群分。现代社会，是需要价值观趋同黏合的，即社群中的人是靠价值观聚合在一起的，相比普通的消费者，选择特色酒店的客群更具有强烈的价值认同感和归属感。这便是对圈层文化最好的诠释。换句话来说就是特色酒店得有自己的味道和品位，找到自己的圈层所在。特色酒店应成为圈层文化高度认同和交流的社交空间与平台。

进一步来说特色酒店可以理解为是借助酒店的开放性和连通性，进一步强化其社交功能的一种生活化酒店，可满足新时代人们享受社交、乐于分享的需求。一方面，酒店在精心设计的公共区域和功能区，组织有趣的主题活动和派对，营造轻松休闲的互动氛围等，都能够吸引客人走出房间，来到酒店的公共空间享受社交的乐趣。另一方面，也能够吸引城市居民将酒店作为结识朋友、朋友聚会、商务社交的新选择。特色酒店发掘自身适合的圈层不仅有利于自身文化的定位，同时可以为随后的营销活动的开展找到更加精准的目标市场。

4.1.4.3 努力让消费者为自己梦想的生活方式买单

"谈笑有鸿儒，往来无白丁"的惬意，"不知有汉，无论魏晋"之悠闲，"采菊东南下，悠然见南山"的淡雅都是中国士大夫向往的情怀，也是现代人追求的生活方式。当特色酒店成为消费者梦想中生活方式的表现载体时，特色酒店

就走上了永续健康发展之路了。生活方式包括人们的物质资料消费方式、精神生活方式以及闲暇生活方式等内容，它反映了一个人的情趣、爱好和价值取向，具有鲜明的时代性和民族性。当特色酒店让生活的感知在艺术设计的空间中复苏，让生活的本质回归原点，就成功了。特色酒店卖的不仅仅是客房、餐饮，很多衍生产品和服务随着生活方式的展现将更活灵活现地呈现在消费者面前，消费者愿为之买单时，酒店的附加利润自然产生。

又如，福建漳州美伦山庄曾策划一场父亲节活动。清晨，美伦瑜伽教练带着父亲们迎着朝阳拉伸舒展，放松劳累的身躯；早餐后，让爸爸手机关机一小时，好好陪着老婆、孩子在海边徜徉散步，幸福在此定格瞬间，凝于永恒；午餐DIY，是老婆在酒店大厨指导帮助下，为老公精心准备的营养餐；傍晚时分，一家子围坐在美伦茶舍，品一壶香茗后，在宣纸上用毛笔写下对亲人的祝福，斑斑驳驳的墨汁都是浓浓的爱。从那以后，美伦的父亲节成为山庄保留节目了，吸引越来越多的家庭来度假分享彼此真挚亲情。

随着人们消费观念的改变，越来越多的消费者或者越来越多的家庭开始追求自己理想中的生活方式。因此酒店为宾客提供的不仅仅是传统的酒店服务、餐饮服务、住宿服务等。酒店特别是特色酒店需要更加关注宾客的精神追求，不断发掘有新意、满足宾客新的产品和服务。更多酒店衍生品的出现，让宾客追求理想中的生活的这一梦想成为现实。消费者愿意为自己的梦想买单，酒店就必须提供宾客实现梦想的机会。

4.1.4.4 "走心"的服务才是最好的服务

所谓走心，就是从"感觉"到"感知"进而"感动"的过程。当下旅行者不仅寻求时尚和舒适的住宿环境，更注重酒店文化氛围和精神享受。特色酒店应该以情感+N体验为重点服务内容。特色酒店最好的服务应是让旅客享受非凡的视觉、听觉、嗅觉、味觉、触觉等感官冲击后感知酒店待客之道，家外之家情为重；让酒店的员工像家人一样讲故事，跟客人娓娓道来酒店内在的文化，让住客引发情感共鸣，产生情感交流的愉悦满足，这就是感动。客人在感动之余，还愿意与人分享自己的快乐。这样口口相传的度假酒店堪称"精品"，这样美妙的度假体验才是无法忘却、回味无穷的。

例如，福建漳州美伦山庄。在酒店尚处在内部试业阶段时，临时接到接待任志强先生的任务。酒店方通过多方调查了解任志强先生当兵出身，对部队有很深的感情，就特意准备一曲《小白杨》作为客房的欢迎背景音乐；精心从网上找一张任志强先生难得一笑的生活照片制作个性化欢迎卡；工整抄录他离任华远时的一句话"热血筑就辛和苦，回眸笑对荣与枯"作为欢迎词，以表对任先生的敬重和热诚欢迎。当任志强先生步入房门的瞬间，入耳的是《小白杨》优美的旋律，映入眼帘的是别具匠心的欢迎卡，推窗迎面沁入的是习习海风，自然心旷神怡，舟车劳顿顿时消弭，时间也就此定格。任志强先生对酒店方做的工作非常满意，并通过个人微博表达自己的心情，这便为美伦山庄做了一次最好的宣传。

普通星级酒店在管理方式和方法上讲究规范化、模式化的服务管理方式。当代特色酒店在管理过程中不仅仅需要做好常规的服务工作，更重要的是要了解消费者心理，注重宾客消费观念的转变。把握服务管理艺术，做好管家式个性化服务。科学运用管理艺术，提高各部门以及每个员工的工作积极性，将酒店服务管家的作用发挥到最大，努力培养团队精神、合作意识。只有这样，特色酒店才能在激烈的市场竞争中找到自身的优势所在，更好地发展。

4.2 特色酒店市场分析与定位

在50年前国外便已经兴起了精品酒店，而精品酒店在我国还是一个新生事物，但是精品酒店有利于改变产业格局、促进酒店发展模式创新、增强个性化服务、克服同质竞争等优点，所以精品酒店必然是我国酒店的发展潮流。作为新生事物，它在发展过程中必然会出现一些问题。但酒店业如果想要发展就必须发现问题并及时解决问题。

21世纪初期精品酒店等特色酒店作为一种新的酒店形式开始引起了国人的注意，与此同时有一些国外酒店品牌开始入驻中国，自此之后在中国掀起了一股特色酒店风，这股风尚也带起了我国发展特色酒店的潮流。

4.2.1 特色酒店的市场分析

在美国《哈佛商业评论》中约瑟夫·派恩与詹姆斯·吉尔摩指出，体验经济的时代已经到来了，体验不是虚无的感觉，这种现象的出现表示消费者观念已经更新，消费者已经不满足于仅仅由商品带来的愉悦感，越来越重视消费者带来的附加价值。特色酒店正是在这种情况下应运而生的，特色酒店比一般的酒店更加注重顾客的体验，它除了具备一般酒店所具有的舒适休息环境外，还会给顾客带来视觉、听觉、味觉和嗅觉上的多方位体验；通过为顾客提供个性化的服务，使顾客感受到自己的想法被重视和肯定，为顾客带来心理上的愉悦。正因为特色酒店让每位顾客都感到"正中下怀"，所以特色酒店市场广阔，在中国已经逐渐流行起来。

4.2.1.1 特色酒店发展宏观环境分析

（1）经济环境

在如今经济下行压力加大之时，旅游消费依然成为新的经济增长点。以2015年为例，旅游经济运行综合指数回升至近三年来的高位水平。国民旅游市场需求旺盛，以大众旅游为基础的周末周边游、观光旅游等常态旅游消费，已经成为旅游经济平稳运行的坚实支撑。在更加便利的签证政策支撑下，出境旅游市场持续较快发展。受港澳台基础市场强势回升的影响，入境旅游市场实现超预期增长。中国旅游研究院在北京发布中国旅游经济蓝皮书《2015年中国旅游经济运行分析和2016年发展预测》，蓝皮书显示：2015年中国接待国内外旅游人数超过41亿人次，旅游总收入突破4万亿元，比2014年分别增长10%和12%。入境旅游在近3年来首次出现增长，2015年接待入境旅游1.33亿人次，较上一年增长4%，入境旅游外汇收入1175.7亿美元，同比增长0.6%。

社会经济的快速发展，旅游人数不断增长，为旅游住宿业的发展提供了庞大的基数。随着游客个性化需求的不断增加，为特色酒店业的发展提供了更广阔的发展空间。人们在选择旅游住宿时，较过去而言更加注重文化特色、个性化产品。因此，特色酒店的需求将会不断增长，必然带来更广阔的发展空间。

（2）社会环境

随着消费者消费观念的不断更新，大众逐渐从千篇一律的大众消费需求向着个性化、体验化的消费观念转化。特色酒店正是顺应追求个性化潮流而产生的。消费者更加彰显个性，人们已经开始厌倦了星级酒店千篇一律的服务，更加追求个性化定制服务。往往意料不到的东西更能给人带来惊喜，相对于普通酒店的舒适、标准化、整洁全面的服务。特色酒店力求在视觉、听觉、嗅觉以及心灵各方面为顾客带来极致体验；通过个性化、有针对性的服务，顾客将感到前所未有的满意体验。

4.2.1.2 特色酒店发展的微观环境分析

（1）丰富的文化资源为特色酒店的主题选择提供更大的发展空间

我国上下五千年文化，物产丰富、资源更加丰富，这为我国特色酒店的发展提供了不可或缺的有利条件。利用不同的资源、不同的人文文化以及不同的地域文化，为特色酒店素材的选择及主题的确定提供了不可或缺的人文及自然资源。以香格里拉的仁安月榕庄为例：酒店由本地藏舍改建而成，保存了本地藏式建筑风格，而酒店服务除了通常的SPA护理疗程服务之外，还包括参观本地农舍、品尝特色酥油茶和奶酪的文化探索之旅。又如，北京古城·老院主题精品酒店，酒店坐落于东四老城区的魏家胡同里。在胡同中行走会让人产生时光倒流的错觉。古城·老院主题酒店就坐落于这样的氛围之中，无时无刻不让人感受到老北京的静谧与祥和。与胡同外面车水马龙的大街不同，魏家胡同清一色的灰色砖墙以及熟悉地道的北京腔调都让人真切地体验了一把老北京的原汁原味，以及久违的静谧祥和。推开玻璃门、朱红色的木门，随之而来的浑厚声音让人在刹那间恍惚，不知在沉重木门的背后有着怎样的故事。穿过大厅走进后院，老远的厢房分为东、西、南、北4个，整个酒店前厅的布局将老北京的风韵较好地展现出来。古色古香的前厅部装饰风格，让宾客在踏入酒店的一瞬间就能感受到老北京独有的文化氛围。

（2）互联网技术的发展为特色酒店的发展提供技术支持

人脑的储存量毕竟是有限的，随着科技的发展、电脑技术的普及，酒店可以对每位入住的客户建立电子档案，详细记录每位入住客户的喜好、个人习惯和性格等，在客户再次入住时可以更及时地提供准确的服务建议。多方面运用电子商务技术为酒店个性化服务的日益成熟提供了必要的技术支撑。前期特色酒店经营需要借助OTA平台实现客源导流，后期仍需进行多元化渠道建设，开发旅游目的地的私人高端定制旅游服务。随着信息技术的发展，网络已经深入到我们的生活中，酒店可以利用网络这一现代化的工具，进行网络营销。建立自己的网站，在网站上不仅可以体现酒店特色，同时还可以利用虚拟技术（VR）来增加产品体验，提高酒店营业额。除此之外，更多的是与在线旅游商（OTA）形成联盟，推进资源共享，利用大数据分析，通过携程、同程、阿里旅游等平台，进行专业化营销策略分析和渠道分享。加强酒店信息共享，同客户之间的互动增强，还可以对客户的投诉建议进行透明化的公告，得到客户的好感，提升客户忠诚度。同时可以尝试与新兴民宿类自媒体合作，加强自身的网络宣传力度。利用好互联网运营商搭建的民宿预订平台，或自行建设互联网预订管理平台。例如，通过建立微信公众号、微博账号，通过微信、微博的传播扩大影响。

4.2.2 特色酒店的市场定位

特色酒店的资源特点决定了其目标客户群必然是具有殷实经济基础的高端消费群体。例如，2007年5月，法国雅高酒店集团管理的上海璞邸精品酒店开业，最便宜的房价为人民币4680元/夜，被称为当时上海房价最贵的酒店。精品酒店45平方米的最低房价是1659元，市场定位也是比较高的，从而决定了精品酒店的目标客户一定是高端消费群体。

4.2.2.1 定位依据

（1）市场需求

以消费者需求为导向的时代已经来临，消费者需求应该成为销售过程中最主要的关注点。酒店业在很大程度上是依靠旅游业的发展，我国旅游业向着买方市场转变，这就要求我国酒店业也应该以市场为导向，真正地了解消费者的需求，抓住机遇，从而实现酒店的长远可持续发展。

首先，酒店的定位工作要分析市场需求，即做到酒店供给与市场需求的结构化对应，这种工作属于应对市场层面；此外，酒店还可以从一个较高的层面上实现企业增长的突破，即创造市场。创造市场是酒店在深入分析酒店当前市场特征的基础上，结合酒店业的宏观发展环境，创造性地提出符合未来市场需求趋势的潜在诉求点，以此作为饭店定位的依据，往往能最大限度地激发市场和企业的活力。

酒店在进行定位时首先应该考虑市场需求，即做到企业供给与市场需求互相对应，这是在市场对策方面；另一方面，企业想要实现长远的发展就应该利用技术创造市场需求。创造市场需求就需要企业在分析现有市场特点并结合酒店业未来的发展趋势，对企业自身进行定位，超前做好未来市场需求的准备，这样做往往能较大强度地激发市场潜力和企业活力，实现长远发展。

正如阿尔文·托夫勒在《未来冲击》中提到：服务经济的下一个阶段必将是走向体验经济。这个说法的主要观点体现在旅游业中即顾客在入住酒店后需要的并不是简单地入住，顾客更为需要的是一种精神的体验、身心的愉悦感。因此主题酒店在确定酒店主题的时候更应该考虑那些精神方面的需求，以市场需求为导向，确定酒店的主题，以满足消费者的需求。比如近年来人们在快速发展的社会中越来越感到疲倦，急需一个宁静安静的地方来休养身心，所以近年来以佛文化为主题的酒店日渐兴起，西安法门寺佛光阁位于法门寺的文化景区内，是西北地区唯一一座佛文化体验宾馆。房间装饰典雅、别致，设备齐全，设计独特，禅修房中设有专门为参禅者打坐的禅台。讲经堂、禅茶室、素食餐厅、书吧等具有佛文化特色的设施一应俱全。宾客可以在佛光阁独特的禅茶室观看茶艺表演从而启迪佛性，昭示佛理的佛门用茶。佛光阁为您专门开设佛文化气息浓厚的讲经堂，让您可以在这里静心修行、静虑，从平凡的小事中去契悟大道。

（2）竞争的态势

酒店在对自身所处的态势进行分析时应该充分地考虑到"你、我、他"三方面的因素。"你"指的是酒店所面对的市场，市场需求。"我"指的是酒店自己所有的资源，对自我的认识。"他"指的是在这个行业中其他的竞争者。伴随着中国加入WTO，我国酒店业将面临更加国际化的竞争，当然也会为我国酒店业带来更多的外商投资，以及为酒店业注入新鲜血液。但是国外高档酒店具有较好的管理体系以及更加成熟的管理经验，这必将会给本土的企业带来更加激烈的竞争，对本土酒店提出了更高的要求。由于特色酒店的主要目的就是为高端客人提供定制化、个性化与人性化的服务。通常员工数与客房数的比例常会达到3：1，甚至5：1，远高于一般的五星级酒店。特色酒店的专职管家在服务理念和服务方式上的体贴入微能最大限度地满足客人个性化的需求，亲切、殷勤、真诚、专属的服务能让客人流连忘返、再次下榻，成为酒店的忠诚宾客。如W酒店推出品牌招牌式的"随时、随需"专人礼宾服务的宗旨就是最大限度地满足每位客人的任何合理需求。W酒店推出的"烛光服务"，在每晚9点左右，会由客房管家将一个薰衣草枕头、一个眼罩和一瓶薰衣草精油送到客人房间内。在提供的"安眠枕套餐"中包括三种枕头，任顾客选择，加上配置在床垫上的松软羽绒被，可以让客人体验到"睡在云端"的感觉。

因此，有效地了解特色酒店运营的基本要求，有利于在运营过程中较好地把握市场竞争事态。正确认识精品酒店在竞争中所处的地位和竞争水平，了解竞争对手的竞争策略、竞争反应，能够帮助制定出具有市场竞争力的酒店定位。

（3）自身实力

企业自身的实力是酒店定位工作不可忽略的本体依据。不考虑自身实力的市场定位要么不能实现其定位的真正目的，要么由于企业资源配置得不合理导致发挥的效益没有实现最大化。现代企业制度下的不同的酒店实力往往取决于两大主体：投资方和管理方。

在兴建酒店时，投资方作为饭店业主的决策者将对酒店发展起到至关重要的作用。区位因素、外观装修与内部空间如何布局等因素对特色酒店今后的发展将会产生重要作用，一些不当的区位选择以及与经营期间所针对的目标市场不符的装修品位往往对酒店的效益产生不可逆转的负面影响。投资方的财力、人力成为酒店一大主体实力的最大表征。管理方作为酒店经营管理的主要决策方，对酒店的经营方向、特色、战略的选取有着举足轻重的作用，管理方的特长、实力也将成为特色酒店定位不得不予以考虑的重要因素。

4.2.2.2 特色酒店市场定位

通过对国内外成功酒店案例的整理发现，国内外比较成功的酒店都具有独特的个性，整个酒店不仅可以让顾客感受到无处不在的设计气息，还能让顾客体验到个性化的设计。酒店的装修风格在一定程度上反映着消费群体的偏好，是市场定位与选择的必然结果。我国酒店业是一个高度化复制的系统，这就更要求我国的酒店做到个性化，因为个性是不可复制的。这就需要我们对酒店市场做好充分的市场调研，对自己的市场做好细分、定位以及选择，充分地了解自己细分市场的消费者的偏好，设计出有针对性的产品，走个性化和特色化的道路。个性化不要求对所有特点全部覆盖，其更加强调的是对于细节或者选取某个点进行展现。酒店的投资者毕竟对于酒店的管理经验有限，酒店在进行经营时可以采用外包政策，由更加有经验的运营团队对酒店进行管理，而酒店高层就可以更加专注地进行酒店文化的建设以及个性化服务以及个性化产品的设计。比如：喜达屋酒店的第一家W酒店的品牌管理就采用外包的形式。W 酒店是喜达屋旗下的一个奢华时尚生活品牌，在业内多将其归类为Boutique hotel的经营路线。W酒店的餐厅由Drew Nieprent经营，而威士忌酒吧是由Rando Gerber运作的，而W饭店自身则专注于客房的经营与创新，从而使自己的客房产品更具特色与魅力。

（1）借鉴国外先进经验进行市场定位

通过整理资料发现，国外较为成功的酒店为了留住和吸引客户主要做了以下几个方面的努力：坚持给客户带来清洁卫生的居住环境以及高效的服务；尽量地去了解客户真正的需求是什么；从顾客进店到顾客出店都要保持微笑服务，让顾客感受到家的温暖与舒适；强调个性化的管家式服务，并将服务理念始终贯彻于酒店服务的任何角落。所有的这些归根结底就是要为顾客建立一个舒适温馨的环境，以及提供个性化的服务。我国酒店在发展过程中可以借鉴国外酒店的成功案例，避免多走弯路。例如，瑞吉酒店定位于私人化服务以及高端的品位。瑞吉酒店（St.Regis）是世界上最高档饭店的标志，代表着绝对私人的高水准服务。它的历史久远，第一家圣·瑞吉斯酒店是1904年阿斯托（John Jacob Astor）上校在纽约开办的，为的是提供一个地方供自己的母亲（Caroline Astor）与自己的上流社会的朋友举行宴会和派对，阿斯托上校采用了全欧洲化的服务来款待他们。这种服务在业内独树一帜，使瑞吉酒店成为全球酒店业的经典。

融合了恒久精致与现代奢华，瑞吉品牌坚定不移地信守其对于卓越的承诺。自从 John Jacob Astor 在一个世纪前于纽约创立地标性的瑞吉酒店以来，瑞吉均位于全球最佳选址，其以无与伦比的奢华、妥帖周到的服务和典雅高贵的环境闻名于世。量身定制的服务与休闲设施，风光宜人的选址以及充满当地色彩的豪华装饰，尽显瑞吉享誉全球的独特之处，吸引了全球旅游者的关注。瑞吉酒店及度假村可为尊贵客户提供远超期望的卓越体验。对追求品质服务的现代行家而言，在酒店度过的每一刻都体现出对每个愿望的深切关怀。如今，从拥有百年历史的管家服务，到阿斯托夫人首创的鲜花服务，所有优良传统均被每一家瑞吉酒店完好保留，展现一脉相承的光辉历程。阿斯托家族对待酒店客人就如同家中客人一般热情好客，而酒店也一丝不苟地奉行着这一传统。因此，瑞吉酒店员工始终坚守这一承诺，确保客人住宿期间的每时每刻都能充分感受到酒店的热情与诚意。

被誉为"超五星级精品酒店"的北京瑞吉酒店地处北京商业区、购物区和使馆区的中心地带，毗邻各国使馆及各大商社，距故宫、天安门广场仅10分钟车程，周边商业设施齐全，地理位置极其优越。北京瑞吉酒店在世界最具品位的旅客心中是一个必然之选，这里也是最近几任美国总统访问北京时的指定下榻饭店。

北京瑞吉酒店致力于为各方宾客提供豪华优雅、完美无瑕的舒适服务。饭店拥有各类豪华客房，配有标志性睡床、宽敞的大理石浴室、迷人的花园和城市景观，布置优雅、极具特色。饭店的会议设施齐全先进，可举办规模不等的会议、宴会和各种活动。饭店设有各种风味餐厅，还拥有完备的休闲健身中心及天然温泉理疗中心。宾客可尽享顶级现代化设施带来的种种便利。静谧优雅的瑞吉花园是理想的户外用餐和婚礼场所。

每位入住饭店的客人还可享受24小时瑞吉传奇管家服务，免费使用包含下午茶、晚间鸡尾酒会的行政酒廊、24小时开放的健身中心和泳池。其他服务和优惠还包括抵达时的免费衣服烫熨、客房内咖啡及茶水设施供应等服务。

（2）挖掘中国深厚的民族文化，提升特色酒店的文化内涵与品位

特色酒店最核心的竞争力是文化底蕴。我国有着上下五千年的历史文明，独特的民族特色和民族风情的文化有很多，具有先天的优势条件，这也是我国发展具有内涵和品位的精品酒店的关键所在。这就要求酒店在进行主题设计或者文化选择时，能够深度地挖掘文化中所蕴藏的内涵，把最能代表当地文化的东西表达出来，而不是一味地去模仿，或者为了迎合顾客弄出一些不洋不土的东西。对于国外游客，我们可以把代表中华特色的文化进行展示，如：京剧、茶、太极等文化作为核心在主题酒店中进行展现；而针对国内游客就要求我们把最具地域特色以及民族特色的东西展现出来。因此，精品酒店的设计方案除了要融入最新的设计理念、时尚元素和能够满足个性化服务的需要外，还应能够体现中国特色、民族特色或地域特征、能体现出中国神韵，这就需要挖掘、提炼我国深厚的民族文化，把它作为精品酒店的关键点来打造和雕琢，从而提升精品酒店的文化内涵与品位。代表性的特色酒店有：

①杭州安缦法云酒店

杭州安缦法云酒店是迄今为止安缦世界客房数最大的度假村，有99幢（间）。到访的客人在享受安缦度假酒店提供的多种富有特色的餐饮服务、水疗和休闲设施的同时，客人还可以领略到安缦具有江南特色和山地民居特色的建筑风格。从法云弄沿着半山坡向深处前进，便能看到一个不大的安缦法云酒店的木牌。安缦热衷于私密和低调，杭州安缦度假酒店拥有无可比拟的自然风景和独特的地理位置以及江南特有的建筑风格。一个优美的自然环境、豪华设施、独特的服务和小规模的客房以确保隐私。整个酒店黄土做墙，石砌房基，木窗木门，白墙黑瓦，中式别墅另有一番风味。千年古村，百年古木，清幽竹林，青翠茶园，小桥流水，一条小溪缓缓流过，淙淙流水，声脆悦耳，溪水潺潺，云雾缭绕。行走在千年历史石板路上，能见到保存完好的宋、元朝石刻菩萨像，这就是安缦法

云酒店所带来的不一样的味道。

②杭州栖迟艺术酒店

栖迟位于杭州西湖风景区杨梅岭，它的名字来源于《诗经》：衡门之下，可以栖迟；栖于岭上，迟行于市。其反映了渴望平息浮躁的诉求，于是也就有了隐士风格充满诗意的栖迟艺术酒店。整个建筑内部无论空间结构还是室内的陈设，都是极其简洁干净的线条，除了黑白灰，几乎没有其他颜色。这里只有6个房间，房间名都是出自当地的古书，每个房间装修都极其简单又充满艺术感，在水泥房里放下行李，看一眼窗外的茶园，会让你产生一种清凉感。这里村落高低错杂，是一处难得的悠然之所在。酒店不向宾客提供电视网络，但是会向宾客免费提供音乐、书籍和杂志。面对信息爆炸时代人们越来越被动地接受着铺天盖地的信息，慢慢摒弃了独立思考的能力，酒店期望能够创造出这样一个世外桃源，让人们学会舍与得、文化以及分享。

（3）以体验作为酒店发展的主题

当前高速发展的社会，人们对于生活、文化甚至信仰的体验都是缺失的。传统度假酒店是把自己建立在较好的地理选址上，比如以一些名胜古迹、历史遗存、文化形态等去营造一个文化底蕴较浓的环境，而特色酒店不仅仅是选择在上述优美的地理环境之上，更希望把自己隐藏于上述环境之中，为顾客提供较为私密的环境，如在深山中或者动物迁徙的途中建立富有自身特色的酒店。对于顾客而言越难以到达的地方越具有吸引力。特色酒店在进行建设时应该充分考虑周围环境，把周围的环境作为一个卖点进行表达，把握好自身所处的空间位置，与大自然融为一体，创造独特的度假体验环境。例如：云南大理喜林苑客栈。云南大理地区有1000多家客栈，其中大理喜洲古镇的喜林苑客栈是一家特色鲜明的主题客栈。该客栈不大，只有16间客房，客源大部分来自欧美，也接待少量中国高端客户。房间虽少，但出租率常年在80%以上，房价在千元左右，效益十分不错。喜林苑客栈为什么有如此大的吸引力，这应当与以下因素有关：

首先，喜林苑客栈的选址恰到好处，令顾客感觉是精心挑选的。从大理出发去喜林苑客栈，要驱车穿过众多的古村落，爬行逶迤的环海道，颠簸一个多小时才能到达。为何选择如此偏僻、交通不便、路途遥远的地方开办客栈？用喜林苑创始人林登的话说："这正是卖点！"这里的管理人员认为，经过这么一番周折跋涉，恰恰达到曲径通幽的效果；地点偏僻，其目的就是为了远离城市的喧嚣，让客人真正静下心来，享受假期的安详闲适生活。

其次，喜林苑客栈的建筑具有典型的白族民居特色。这对欧美乃至内地客人来说，无疑充满新鲜感。喜林苑客栈是在原有旧院落基础上修复而成。客栈从外部建筑到内部的墙面地板都由实木构成，房间内摆设明清式的古朴木家具，空气中弥漫着天然木质芳香。客栈与周边大自然融为一体，给人温馨宁静、自然放松之感。

最重要的是，当地民俗风情以及中国传统文化，是吸引客人的重要因素。喜林苑创始人在分析欧美客人钟情喜林苑的原因时表示成功不在于大理独有的清新空气和幽雅环境，而恰恰在于中国悠久历史的积淀和少数民族独有的文化。

为了让客人亲身感受白族民俗风情和中国传统文化，客栈处处体现当地民族特色和传统中国文化元素，包括客栈的建筑文化符号、四合院的布局和公共区域的石雕、木雕和砖雕，以及散布客栈各处的古玩、字画和各种艺术品等。客栈还根据时节，帮助客人乘马车前往白族人家，欢庆当地绕三灵、插秧节、本主节、火把节等节日。此外，喜林苑还有许多可圈可点的"附加值"项目，对客人也具有很大的吸引力。比如，客栈开辟并免费开放图书阅览室、儿童玩乐室、书画练习室；还专门提供量身定制的个性化活动，如：开设烹饪课、书法课，举办品茶品酒活动，带客人群体赶集和前往农户果园采摘等；让客人深度体验中国传统文化和地方民俗风情，使得度假生活更加充实、丰富、有品位和充满乐趣。

喜林苑的成功在于其市场定位和产品设计与目标客源的需求相匹配。该客栈首先对其主流客户群体做出精准定位，以欧洲旅客及高端客人为主；其次，精心挑选酒店地理位置，抓住欧美、内地高端客人在寻觅宁静度假空间的同时，有着求异、求新、求知、求乐等心理，于是以中国传统文化为主题，以民族风情为特色来吸引宾客。同时，该客栈还懂得迎合时代需求潮流——体验消费，打造出与当地民俗风情、生产生活方式相融合的深度参与性活动产品，满足目标客源体验消费的需要，充分体现了酒店设计、当地文化与酒店管理的一体化，以消费者心理为导向，突出卖点，注重人文设计和管理智慧。

（4）采用先进的智能科技设备，提供现代化的智能服务

随着社会的发展，信息技术的广泛应用，人们对住所需求有了很大的变化。

人们以前对住所的要求一般为舒适、洁净、价廉等方面；而现在更多的消费者注重的是自己房间内所具有的精神内涵，是否能满足自己的精神需求，整个房间是否能满足自己对科技以及隐私性的要求。现代酒店需要给客户提供便利的交通、休闲的娱乐设施、良好安静的个人环境以及安全舒适的整体氛围等。总之现代酒店应更加注重满足客户的个人需求，要达到这点需求就需要花大量的资金在酒店智能设施设备的建设上，利用现代的网络、现代的设施，使酒店生活变得更加便利。

4.3 特色酒店的营销策划

特色酒店营销活动就是为了满足客户的合理需求，为使酒店最大限度地获取利润而进行的一系列的销售活动，整个营销活动的核心就是更好地满足客户需求，最终目的便是使酒店利润最大化。酒店的经营销售不仅仅单纯地只是销售而已，它主要包括：专业人员对消费者进行了解、调研，以了解消费者需求及期望，确定目标市场，针对所确定目标市场消费者的特征，设计出有针对性的服务和产品，以满足市场需求。

在现代特色酒店的经营过程中，市场营销的作用是有目共睹的，但是酒店的营销也必须同其他部门相互配合，如酒店前台同住宿、客房，用餐同餐厅，会议同音响工程等部门。营销部门的另一个作用是同顾客进行有效的沟通，很多顾客的要求是挑剔甚至是刻薄的，其他部门想要完成很困难，这就要求营销部门同客户进行很好的沟通。营销部门同时需要沟通好需求和供给之间的匹配度，因此市场营销作为整个酒店的核心部门的地位是不可动摇的，酒店把市场营销作为重中之重势在必行。

4.3.1 特色酒店营销策划方式和特点

在消费需求趋于个性化的今天，精品酒店要想在激烈的市场竞争中生存，必须重视营销策略的选择。

（1）在营销宣传上，一般采用口碑相传的古老营销方法。很多特色酒店奉行"最好的营销就是没有营销"的原则。在营销宣传的花费上比星级酒店特别是大型星级酒店要少得多，更多的是依赖回头客，注重顾客群体的忠诚度提升方面。"留住一位老顾客的营销成本只是争取一位新顾客的成本的1/4。"回头客对酒店具有广告效应，他会把酒店的信息，以及亲身体验的服务与他人分享，随之产生的口碑效应将吸引更多的宾客，从而节约酒店成本。

（2）在营销方式上，采用点状式营销。特色酒店的消费群体主要为高品位的高收入阶层，其规模小且分布范围相对集中，往往有自己的活动联系网。因此除了原始的营销方式外，像广告、促销等点状式营销也是极有效的营销方式。特色酒店的点状式营销是指对宾客进行一对一营销，针对每个客人的需求和消费特点制定不同的营销策略，对区域内的各阶层的重要人士和名流进行单独营销，培养固定的消费群体，做好专业化服务。比如，建立宾客数据资料库在为宾客提供个性化服务的过程中，建立客人个人信息档案是最有效的方法之一。精品酒店不会去迎合大众群体的消费，它永远专注于特定的消费群体。随着这个群体的消费变化而改变自己的营销策略。

（3）特色酒店还应注重网络营销在整体销售体系中发挥的功效，这是根据特色酒店潜在客源市场特征做出的选择。对酒店服务要求的奢华、独特的住宿体验，个性的消费群体普遍表现出对网络的依赖性，而网络营销的逐渐成熟为酒店依托网络销售创造了有利条件。如福州财富酒店，应用网络销售带动的高品质客源为财富酒店的高出租率贡献了高额的营业收入。

（4）以特色文化吸引顾客。特色酒店拥有夺目而富有动感的外观，室内却温暖柔和，隐秘闲适，巧妙糅合现代及传统元素的颜色和质料。以"城市绿洲"理念为例，特色酒店设计的出发点就是为展现城市绿洲的平静特质，酒店建筑整体以绿色为主题，并以自然光线及灯光作为重要设计元素。为了流畅地结合私人与公用空间，以柔和含蓄的界线来划分各个区域。这样一座动静相宜的建筑，提供给人的不仅是理念，还有实用的趣味性和悠长的回味。特色酒店尽量减少了传统酒店的间隔限制，从而营造出顺畅自然的空间，让充足的光线流进酒店内。特色酒店的特色文化不仅在设计上体现，同时展现在实际应用上，以其新颖吸引顾客。

例如，长城脚下的公社。长城脚下的公社坐落在长城脚下的山谷中，现在隶属于德国高档酒店集团凯宾斯基，集中了多位亚洲顶级的建筑师设计的精华，属于豪华公寓式酒店。公社不仅是一座规模巨大的高档豪华酒店，更以其富有艺术感的室内设计站到了亚洲当代建筑艺术标杆的顶峰。一栋栋豪华别墅错落有致地建在陡峭静谧的山谷里，从每一栋别墅都可以看到古老的长城，并有通向长城的曲径。在这里，所有的建筑都展现了同一个理念——建筑艺术与大自然的巧妙融合，成为一个和谐的整体。长城脚下的公社在营销方面以网络营销和专业的营销团队相结合。通过在线网络预订、网络促销扩大客源，顾客可以随时随地查询酒店的信息，预订到自己心仪的房间。长城脚下的公社拥有自己专业的营销团队，通过灵活的营销手段，扩大酒店在市场上的影响力，并以广泛深入的关系营销提升顾客的满意度。同时在国际上屡获各种奖项也是一种营销手段，产品和服务赢得声誉，回头客多。享誉全球的建筑艺术"长城脚下的公社"每个建筑都与周围环境相融合，并提供豪华的住宿、丰盛的美食、齐全的设施以及完美的服务。从建筑艺术圣地成功地转向了最具人文历史及艺术特色的世界级酒店。

又如，香格里拉松赞绿谷酒店。松赞绿谷酒店是香格里拉最具吸引力的酒店之一，它有尘世之外的宁静，静静地坐落在松赞林寺和古老村落克纳村中间，面对一片早已干涸成草原的湖泊，群山环抱，成群的牛羊、翱翔停歇的鸟群、诵经的喇嘛、劳作的藏族村民……所有的美好都在咫尺之间，触手可及，你甚至已经是其中的一部分，所有的宁静祥和让你自己的呼吸声和天空划过的鸟鸣声唱和。香格里拉松赞绿谷酒店有浓郁的文化气质，走进这栋四层楼高的精美藏房，每一寸空间弥散的缕缕藏香和悠悠音乐，每一阵风让洁白的门帘翻滚，每一幅唐卡每一处雕刻绘画每一间屋子的陈设甚至一个坐垫、一张床单无处不在的藏族文化让这个地方不像其他任何酒店那样让你觉得呆板沉闷，它甚至并不真正像一个酒店，而更像一个文化交流的平台。酒店的房间为设计独特的藏式风格，客房温馨舒适，古朴雅致。手工的浴室铜盆、钥匙牌，藏式地毯和装饰，每一样都是精心打造而成。酒店一层温暖舒适的藏餐厅，装饰着风格独特的老地毯和藏式旧家具。藏餐厅窗外可以看到郁郁葱葱阳光明媚的院子，藏餐厅全天提供精美藏餐、中餐和西餐。从酒店的观景台，可见群山环绕的拉姆央错湖全貌和松赞林寺的金顶。观景台也为聚会、烧烤提供了风景独特的场地。藏式风格且设施完善的二层书吧可以作为小型会议的场所。

酒店在经营策略上更重要的一点就是酒店本身能够提供更深层次的文化生态体验。除了地理条件之外，香格里拉松赞酒店能够提供给旅客独一无二的人文体验。香格里拉的松赞酒店的6家酒店分布在和当地宗教文化休戚相关的五个地方，并非简单的串联，它们有着相似的文化底蕴和各自的文化含义。大家通过体验不同的松赞酒店，来收获一个兼具风景、风情和人文的香格里拉，这样完整的酒店系统在整个香格里拉甚至是云南都是绝无仅有的。从细节上来说，每一家单体的松赞酒店都能提供给住客一个深层次的当地文化生态体验。这可能和老板白玛多吉的意识形态和精神认知有关，他作为一个本地人对于当地藏文化以及生态的了解与热爱，远远超过那些外来的酒店设计者。他希望通过松赞酒店把藏族聚居区最极致的藏区风景和最核心的藏文化呈现给大家。拿松赞绿谷来说，它就建在松赞林寺旁，走出酒店就是藏族同胞平日生活的村子，酒店本身就是一栋藏式的小楼，酒店内部布置得就像是藏族同胞家，在这里每天吃的是牦牛肉，喝的是酥油茶，听的是喇嘛的诵经，这些才是香格里拉的精髓。除了藏文化，松赞酒店也很关注住客对当地生态的体验度，比如会安排骑马穿越山谷和草甸、深入梅里雪山探险等各种活动，而这些都是其他酒店无法提供的。

4.3.2 特色酒店营销策划方案的选择

特色酒店在我国起步较晚，在市场营销方面较为不成熟，还存在着诸多的问题。同其他产业相同，我国酒店业的很多营销管理经验都是引进吸收西方国家的经验而进行的，这就出现了水土不服现象，导致酒店业市场发展畸形，不土不洋；另外我国酒店业对于市场调研不足，不了解市场，加之我国消费者环境保护观念没有形成，相关法律制度不健全等情况导致了我国特色酒店发展较为缓慢。酒店发展和生存的根本是成功的市场营销。每家酒店都应该结合自身的情况与不断变化的市场需求，不断改变本企业的营销策略，有针对性地提供服务和产品，在留住老顾客的同时，吸引新客户，不断扩大客源市场；在对市场进行分析和自身定位的前提下，科学高效地运用科学技术来提高自身的竞争力。为了提高市场营销水平，酒店可以从以下几个方面入手：

4.3.2.1 销售多元化

现阶段我国正处于互联网时代、共享经济时代以及体验经济时代。随着时代的发展，酒店业所处的市场环境正发生着巨大的变化，这就要求企业不能再采用以往的单独作战模式，这就需要营销理念、营销策略发生根本的转变。目前我国酒店业发展的最大改变应该集中在标准化、同国际接轨。而特色酒店的发展在借鉴国外现今营销经验的同时更需要同国内实际状况相结合，为特色酒店行业注入新鲜血液，以适应个性化和多元化的需求，用新的文化、新的理念以及新的服务，应对逐渐变化的市场，满足目标市场的一切需求，扩大特色酒店客源。

当今是共享经济的时代，目前酒店业资源共享、优势互补显得尤为重要。酒店与酒店之间不仅仅存在竞争关系，还可以互相合作，共同发展。"酒店VIP俱乐部"计划，对于行业人士或许不太陌生。这种营销方式是一种网络会员制的营销方式，这种方式无论是在国外还是在国内都已受到日益广泛的关注与应用。最早启用该计划的是香格里拉酒店管理集团和希尔顿酒店集团。1993年，北京希尔顿饭店实施运作并大获成功，从而为国内酒店营销掀开了新的篇章，众多酒店纷纷效仿。酒店VIP俱乐部项目的运作，具备了一整套专业标准化运作模式。它对电话营销方式的环境布置，人力资源的招聘、培训、奖励制度，主题词的设计，都有其专业性的操作要求。一个小小的俱乐部具备了作为一个公司的机构编制，从项目总监到销售经理以及财务、秘书、信息管理部、信使、销售人员完全做到了分工明细化，使酒店营销工作有条不紊突破性地发挥出高质高效水平。因此特色酒店也可以借鉴同样的营销措施开展营销活动，提高销售效率。

4.3.2.2 价格策略

特色酒店主要强调个性化、定制化的服务。因此在定价时要与传统的星级酒店区分，不能依托低价策略。要针对不同类型的特色酒店采取不同的定价策略，主要包括以下几个方面：

（1）避强定价。它的主要含义是避免与主要竞争者产生直接冲突，应该在顾客中树立良好的自身形象。

（2）迎头定价。这种策略指的是在进行定价时应与竞争对手相差不大，通过提升自身的服务质量，避免造成恶性竞争。

（3）重新定价。对市场上反映不是很理想的产品应该更新其定价策略，形成价格与顾客之间的良性循环，善于利用客户的喜好，对所提供的产品进行一定的修改。

（4）细分目标客源，制定差别价格。北京、上海、广州是我国经济发展较快，精品酒店数量较多的城市。在这三个城市就有众多精品酒店扎堆出现，而在这一区域并没有形成酒店之间的恶性竞争，其主要原因在于，这些比较高级的酒店都采用了个性化的定位，每个酒店的定位不同，细分市场不同必然会给自己的酒店带来竞争力，不会形成恶性竞争。

（5）改变个别定价，提高整体效应。世界是变化的，更加个性化的定价策略可以满足不断变化的客户需求，提升客户满意度。酒店可以通过改变个别产品的定价，以提高整体的营销效果。酒店开发新的创新型的定价策略，以吸引新的消费群体，产生新的消费欲望，扩大酒店的顾客群，同时，同顾客形成对话。酒店可以在某个节日实施促销策略，整个酒店相互配合，为酒店的进一步推广和客户群体的扩大带来亮点，吸引消费。

4.3.2.3 产品策略

这种营销方式更加强调产品的差异性，不同档次的产品采取不同的营销手段。首先以特定的目标市场为出发点，针对不同的目标市场，使自身产品树立特定的行业形象。比如一些特色酒店将客房产品档次与另一家得到公众认可的同行业标杆的客房标准定为一样，以期顾客更能接受他们的产品。抑或是将自己的客房产品定位为干净、特色、奢华，以使得与高星级酒店或者标准化酒店做出明显的区分从而达到吸引顾客的目的。

特色酒店在营销时，应该更注重为客户提供个性化的产品，在酒店装饰和装修方面应该做到相对完美，客户在进入酒店的那一刻就能体会到酒店独特的文化内涵，利用特色酒店强调差异化、个性化以及突出文化内涵的酒店产品来实现最终的营销目的，吸引更多游客前来。

4.3.2.4 促销策略

（1）改变经营的菜系。一些主题型酒店基于自己的主题而推出一定的菜系，但是不包括一些大众菜系，这在一定程度上对一些客户造成了一定的困扰，酒店可以模糊菜系这一概念，或者对家常菜进行改良，加入酒店自己的特色。

（2）降低菜价吸引顾客。很多顾客对酒店的饭菜一个很明显的感知便是贵，酒店可以在一定程度上推出一些平价菜，以满足消费者的需求。

（3）酒店可以充分利用自己的宴会厅，为当地提供婚宴、寿宴场所，提高酒店在当地的知名度和档次。

4.3.2.5 渠道策略

营销渠道策略是整个营销系统的重要组成部分，它对降低酒店成本和提高特色酒店竞争力具有重要意义，是酒店的重中之重。特色酒店打造营销渠道需要做到以下几点：

（1）渠道成员发展伙伴型的关系。传统的渠道关系是"我"和"你"的关系，即每一个渠道成员都是一个独立的经营实体，以追求个体利益最大化为目标，甚至不惜牺牲渠道和其他渠道的整体利益。在伙伴式销售渠道中，推进在线旅游商（OTA）联盟的形成，通过在线旅游商联盟的建立，推进资源共享。并利用大数据技术结合OTA旅游平台实现专业化营销策略分析以及渠道分析。因此，携程、阿里、艺龙等电商平台不仅仅是客源导流的平台，更是通过渠道分析实现旅游目的地的私人高端定制旅游服务平台。如此，特色酒店便可以依托渠道信息，更好地实现对客服务的个性化以及定制化。

（2）渠道体制由金字塔型向扁平化方向发展。利用互联网技术将销售渠道改为扁平化的结构，即销售渠道越来越短，销售网点则越来越多。销售渠道变短，可以增加酒店自身对渠道的控制力；销售网点增多，则有效地促进了产品的销售量。酒店直接面向经销商、零售商提供服务。除此之外，特色酒店通过网络推广最终希望实现的成效是特色酒店品牌的价值转化为持久的顾客关系，顾客关系包括消费者对酒店品牌产品的青睐，同时也包括酒店跟客户之间的合作关系。

4.3.2.6 注重文化营销

与传统酒店不同，主题、精品和民宿客栈更加注重文化特色，以文化内涵来吸引消费者。酒店在营销过程中可以深度地挖掘酒店特色、地域文化等，并以此为营销卖点展开营销活动，从而打造独特的、不可复制的个性特征，从而达到酒店营销目的。需要依托周边旅游资源提供具备当地特色的经营项目，与其他旅游产品具备较强的协同性和融合能力。需要根据自身所处地形地势的优缺点自行调整，提高自身核心竞争力。

4.3.3 小结

成功的营销是酒店生存和发展的根本。每一家旅游酒店都应结合自身实际情况与变幻莫测的市场环境采取具有针对性的营销方案，在留住老顾客的同时抓住新顾客的心，以优质的服务与独特的卖点等多种途径扩大客源。同时对市场大环境进行详细的细分，确定酒店自身的目标市场和准确定位，以发达的网络媒体作为酒店的对外交流途径，并采用恰当的营销策略，这对酒店的经营管理具有相当重要的现实意义。任何一家旅游酒店只有做好了自身营销，提高本酒店的市场竞争力，才能在众多旅游酒店中脱颖而出，从而立于不败之地。

第五章 特色酒店服务管理

5.1 特色酒店个性化服务概述

5.1.1 个性化服务概念

在经历了20世纪50~70年代的"大众化服务"，20世纪80年代的"标准化服务"之后，20世纪90年代以来西方酒店经营者面临着供大于求的严峻形势，他们意识到：随着宾客需求日益呈现出个性化的发展趋势，仅靠质量保证和标准化服务将难以取胜，服务也必须升级换代。于是，从20世纪90年代开始，个性化服务开始被西方国家推崇。

个性化服务强调细致、生动、灵活、超长的服务，酒店应该根据人群的特殊性提供相应特殊的餐饮、服务、食宿等相关的优质服务，同时使顾客产生精神方面的愉悦。相对于一般酒店，特色酒店更加强调酒店主题文化同个性化服务的融合。提供优质的个性化服务更加有利于为企业培育忠诚客户，使自己区别于其他竞争者，避免雷同者的出现，提高客户满意度。在标准化的基础上进行个性化服务，就是有针对性地对不同客户采用不同的服务方式，以满足客户精神和身体上的需求。更加注重客户的精神体验，其内涵主要可以概括为以下两个方面：

（1）以客户个性化需求为出发点。即认为每个客户都是完全不同的个体，他们之间的需求也是不同的。应该根据不同的客户提供不同的具有针对性的服务，并且对客户需求进行分门别类的划分，对顾客需求进行归类整理，并分析各类的需求，推出与之相对应的服务和产品。

（2）个性化服务对服务人员有较高的要求，要求服务人员通过细致观察客户的需求，从客户行为判断出客户的隐性需求，并针对不同的客户提供与之相对应的服务，这是一种物质服务与心理服务相对应的综合服务。

5.1.2 个性化服务特征与类型

5.1.2.1 个性化服务特征

（1）服务的主动性

为顾客提供个性化服务应该是主动出击型，即在客户提出要求之前就应该准备好了反馈，而不是等客户提出之后才开始有所反应。世界著名的威斯汀商务酒店集团发现：顾客在登记入住阶段期望有更多的个人接触，并且喜欢参与登记注册过程。因而他们便开发了一项"应提供区别服务给人们"（PODS）的活动，将有这些喜好的宾客区分开，以主动地去满足这些顾客的需要。

（2）服务的差异性

因人而异是个性化服务的核心和关键所在，也是个性化服务区别于传统的标准化服务的主要特征。个性化服务更加强调客户的差异性、个性化以及特殊性，主要要求服务人员在面对客户时，自觉地淡化自我意识，更加强调服务意识，学会换位思考，从客户的角度考虑客户的需求，全身心地服务客户。这种服务是随着所服务人员的变化，所服务的时间、地点等因素的变化而灵活变化的，针对不同的客户、不同的生活习惯提供不同的服务内容，即"特别的爱给特别的你"。因时、因地地为客户提供满意的、个性化的服务。

（3）服务的情感性

个性化服务另一个要点是要注重客户的心理感受，尽最大可能地满足客户的要求，使顾客的心理和身体都得到满足和放松。如有位30年后访问英国的客人，无意中对店员讲出他曾经在曼谷住过帐篷，很是怀念那段时间，服务人员为了给客人制造惊喜在客人的客房里放入了一个大帐篷，使客人回味了当年的乐趣。如四川锦江饭店则取消了在顾客办理入住后立即送入茶水餐点的流程，以免打扰客户休息。

（4）服务的超满足性

传统酒店在寻求客户满意度时，一般寻求的是顾客百分之百的满意度，但是经研究发现，即使顾客在达到百分之百的满意之后仍然会因为猎奇心理去转换新的酒店，这就为我们酒店管理提出了新的要求，这就要求酒店应该建立百分之百加百分之N的满意度模式。即为顾客制造意外的惊喜，通过意外的惊喜，意外的发现，提高顾客满意度，为酒店赢得更为忠诚的顾客。如四季酒店，每次客人入住之后，服务生会带一个小皮箱进入酒店，小皮箱内每次都装有不同的惊喜体验，以此来激起客户的好奇心，留住客户。

（5）服务的极致性

规范性在服务结果上要求一切是符合规范的，而个性化在服务结果上要求的是顾客是否满意，是否达到了顾客的期待。标准化只是服务的基本要求，而个性化追求的是极致的满足。为达到这一目标，就要求服务人员在进行服务时全心全意，一丝不苟，尽心尽力，竭尽所能。

5.1.2.2 个性化服务类型

（1）针对性服务

有针对性的服务不仅仅要求服务人员为顾客提供个性化热情的服务，同样需要把握好时机，在对的时间为顾客提供对的服务。在实际工作中会发现，很多时候服务人员很热情地为顾客提供了服务，但是顾客却不是很满意，甚至会招来反感，这是因为服务人员没有把握好时机，服务人员提供服务时应该是有针对性的服务，主动把握服务的时机，这对服务质量的提高起到了至关重要的作用。

（2）全面服务

为顾客提供一系列的服务就是为顾客提供全面的服务，为顾客提供全面服务的宗旨是尽己所能、全方位、挑战极限地提供服务。比较有代表性的全面服务就是"金钥匙服务"，它的含义是从进屋、擦鞋或者车站到达服务等一切都为客人进行专人定制让客人处处感到惊喜和满意。

（3）特殊服务

在对客户服务的过程中，经常会有些客户对酒店的其他服务有相关的要求，酒店除了满足客户一些常规的服务外，还应该尽可能地满足客户的一些超出常规的服务，为顾客提供更加具有人情味的服务，尽量满足客人偶然的、即时的、特别的需要，给顾客留下深刻的印象。

5.2 管家式服务

管家，英文为"butler"，它起源于法国，但在英国发扬光大，结合了英国人本身特有的礼貌素养，将管家的职业理念和职责范围按照宫廷礼仪进行了严格的规范，所以英式管家服务已经成为服务的经典。目前，管家服务已成为体现国际顶级酒店高品位、高质量、个性化服务的标志，并在国内的高星级酒店中日渐时兴。

特色酒店里的专职管家服务，实际上是提供更加专业化、个性化的服务，将酒店里各项烦琐的服务集中到一个高素质的人员身上，能够为客人提供一站式服务。管家服务的对象主要是具有高消费能力的客人，这就决定了服务人员不仅要有良好的服务意识和对酒店各部门的综合业务技能的熟练掌握，还要拥有丰富的经验、超凡的亲和力以及灵活的应变能力，以满足不同客人的需求。

5.2.1 管家式服务概念

"管家式"服务起源于法国并在英国逐渐走向成熟。管家式服务象征着国际家政行业的最高水平。随着社会的不断发展，管家式服务逐渐开始向酒店行业渗透。特别是在特色酒店领域，管家式的个性化服务是特色酒店区别于普通星级酒店的最主要因素之一。

在特色酒店中，管家式个性化服务就是指在宾客入住过程中，有专门服务人员充当客人临时的私人管家、私人助理，按照宾客的要求处理入住时间内一切需要解决的问题，并且针对不同的宾客提供更加个性化的服务。通过关注不同宾客的入住细节问题，提供超前服务，确保每个入住宾客都能够满意而归。特色酒店的管家式个性化服务就是完美、及时、尊贵、个性最好的体现。

"管家式服务"形式，可以让前来特色酒店的宾客感到生活的无忧、居住的舒适和一种尊贵无比的感觉。入住期间的任何问题都有可咨询的对象，每一处细节都有人为你设想，出门的时候交代区域管家的事情，回来的时候有人都替你办好了，并详细告知你办理的过程，了解你的满意程度和进一步的需求和期望。贴心管家背后是一支训练有素、经验丰富的管家管理服务团队，具有各方面的专业人员随时为宾客提供最为细致周到、贴心的服务，确保宾客入住期间的满意度。

5.2.2 管家式服务目的

5.2.2.1 有利于增强竞争力

中国酒店业现在处于一个高度复制化的时期，每个酒店提供的服务都是相对较为标准化的服务，没有本质区别，因此消费者有很多的选择。特色酒店想要在激烈竞争中取胜就需要建立合格的管家服务管理团队，为每个顾客提供管家式个性化服务，提供竞争者难以提供的，并且难以模仿的服务，把自己同竞争者区分开来。通过管家式的服务，满足宾客个性化、有针对性的服务要求，从而提高酒店在消费者心目中的地位，必然会给特色酒店带来强大的竞争力。

5.2.2.2 有利于创新营销理念

特色酒店管家式个性化服务强调的是"一切以顾客为中心，一切以顾客的需求为出发点"的现代营销理念的具体体现，这就要求经营者一切以满足顾客需求为目的，一切从顾客的需求出发，对不同的顾客提供不同的区别化的服务。目前我国的经济正在朝着体验经济发展，在体验经济背景下就要求企业同顾客之间有充分的接触和交流，实现信息共享，顾客的想法可以得到很好的反馈，这就体现在可以针对客户进行个性化的服务，让顾客对酒店有家的体验。这也是特色酒店一直追求的给予顾客家的感觉。

5.2.2.3 更好地满足消费者需求，贴近特色酒店市场定位

特色酒店管家式个性化服务通常是指特色酒店中员工以强烈的服务意识去主动接近和了解客人，设身处地揣度客人的心理，从而有针对性地提供服务。越是高档次的酒店，越会充分考虑把满足顾客的特殊要求作为常规服务，越能充分体现出酒店高水准的服务质量。特色酒店强调个性化、定制化服务，依据不同的顾客定制不同的服务模式。由于标准化服务的结果是客人可预见的，所以特色酒店只有提供管家式个性化服务，才会让客人在满意的同时获得一份惊喜。它要求酒店员工既要掌握客人共性的、基本的、静态的和显性的需求，又要分析研究客人个性的、特殊的、动态的和隐性的需求，它强调一对一地提供有针对性、差异性和灵活性的服务。特色酒店服务的个性化，使得服务方式多样化，这就要求服务工作更加周到和无微不至。在特色酒店经营过程中提出管家式个性化服务的概念，表现出了社会进步的价值取向，符合人类社会发展的大潮流，同时也是特色酒店服务理念最好的体现。

5.2.2.4 简化服务流程、提高工作效率

从客人进入酒店，管家就相伴左右，引领客人办理一切手续，协调酒店内外资源。管家队伍由高素质人员组成，他们的服务具有针对性和专业性。通过他们的努力，酒店的运营更加顺畅和高效。

5.2.2.5 使宾客情感得到满足，提高宾客满意度，增加顾客忠诚度

综观酒店发展，可以把酒店的消费分为3个时代：理性消费时代、感觉消费时代、情感消费时代。目前我国这3个消费时代特征并存，但情感消费时代是发展的方向。对顾客而言他们接受服务的目的不再是出于对这种服务的需要，而是出于满足情感上的渴求。因此喜欢与否、满意与否更大程度上取决于顾客的心理感受、个人偏好的满足程度以及是否能够引起客人心理需求的感性共鸣。管家式个性化服务不仅能使顾客情感得到满足，而且能提高满意度增加酒店宾客忠诚度。

5.2.3 管家式服务要求

就目前而言，提起特色酒店的服务管理，业界普遍认为其代表的是一种与主流酒店的标准化和同质化相对应的个性化产品，是一种反标准化的业态。市场对服务行业的要求越来越高，对从业人员的素质要求也越来越高。传统星级酒店一板一眼的标准化服务，是对历史经验的积累和总结，近来星级评定和复核从严从紧，也是对行业标准的尊重。跨出标准化的区域之后该如何创造个性化，是特色酒店管理者们必须思考和亟待解决的问题。其实，任何个性化服务都必须以规范化服务、标准化服务为前提，任何脱离规范化、标准化的个性化服务，都会事与愿违。管家式个性化服务就是要从对客服务的细节入手，针对不同类型的宾客提供全方位、个性化、品质化的服务。具体来说可以分为以下步骤：

5.2.3.1 宾客入住前

首先，预先检查客人之前入住信息，了解宾客偏好，根据客人喜好保留房间。

其次，协调酒店相关部门，依据宾客喜好，对宾客抵店前的工作进行及时跟进。

最后，在所有准备工作完成后，进一步确认房间内物品摆放是否符合宾客以往入住习惯要求。确保客人的偏好能够等到充分的尊重和安排，以及宾客的安全能够得到足够的保障。

5.2.3.2 宾客住宿期间

首先，在宾客入住之前与其及时联系，提前在酒店大厅迎接客人，为客人办理入住手续，引领客人进入客房。

其次，与相关部门密切配合，做好客房内日常整理、清洁等服务工作。依据宾客要求进行餐饮服务。随后，及时提供一系列酒店常规服务，如洗衣、叫醒服务等。除此之外，要依据宾客要求提供商务文秘服务、会务服务、休闲服务以及日程安排等服务。

再次，不断观察收集宾客偏好等细节问题，依据宾客的意见和建议对服务工作进行不断完善。

最后，管家式个性化服务就是要尽可能地满足宾客愿望，24小时为客人服务。服务工作要追求完美和细致。

5.2.3.3 宾客离店前

首先，需要准确掌握宾客离店时间。根据实际情况，为宾客合理地安排叫醒服务、行李服务以及安排车辆等。

其次，充分了解宾客住店期间的真实感受，对管家式服务进行不断完善。

最后，对宾客住店期间的所有资料进行完善，进行宾客档案管理。

御庭精品酒店是苏州首家泰国风情的小型豪华度假酒店。位于风景秀丽的金鸡湖畔，酒店有1间国际泰式餐厅为客人提供全新和令人难忘的就餐体验；水天一色湖际游泳池和正宗顶级泰式SPA使客人感觉仿佛置身于浪漫的普吉岛；能容纳80~100位宾客的无柱宴会多功能厅可被分隔为独立的两部分，满足客户高层次会议和私人宴会的需要。

其管家式服务启动于2009年5月，针对来自上海或者是国外的客人（情侣或者是家庭）。获得几乎100%的称赞。

酒店管家式标准的操作流程为：

· 和客人通过邮件或者是手机确认入住信息；

· 在客人到达前提供给其路线指引；

· 检查房间设施，确保房间卫生，礼品（香槟、蛋糕、小象、花和蜡烛，取决于具体情况）已经在相应位置；

· 在酒店门口迎接客人到来；

· 帮助客人提行李，协助客人办好入住手续所需要的书面文件，刷卡等；

· 介绍酒店设施；

· 提供快速入住手续和提供基本的城市和酒店信息；

· 提供给客人套餐包含的其他套餐券；

- ·邀请客人在酒店参观；
- ·帮助客人在餐厅和SPA做好预订工作；
- ·将客人带入房间并提供给客人管家的联系方式；
- ·提前10分钟提醒客人即将开始的在餐厅或者水疗的活动；
- ·带领客人去水疗，并提供客人水疗的疗程和其他信息；
- ·在客人水疗结束前等待客人，在客人结束后询问客人意见；
- ·带领客人结束回房（如果需要的话）；
- ·和餐厅服务人员一起服务客人用餐（餐厅或者是客房）；
- ·下单；
- ·送房服务；
- ·如果客人要去其他餐厅用餐，协助客人定桌；
- ·帮助客人制订度假或者是旅行方案；
- ·提供给客人旅游指导或者是安排旅行交通工具；
- ·和客房人员一起安排客人夜床服务，比如调整洗澡用品、水温等；
- ·在客人上床休息前安排客人一些酒水；
- ·询问客人是否需要叫早服务；
- ·提供指导和日间不间断服务；
- ·跟进客人需求可以提供给客人在房间内退房服务；
- ·让客人在留言簿上留言；
- ·协助客人取行李；
- ·和客人告别。

5.2.4 管家式服务实现途径

5.2.4.1 完善客户档案

在为顾客进行服务的过程中，要求员工有仔细观察顾客行为的基本素质，可以从顾客的行为举止，以及从产品选择的过程中了解顾客的喜好以及生活偏好，通过服务中所获取的信息，个性化为顾客服务，为顾客带去惊喜。与此同时，酒店需要构建完善的顾客档案系统，顾客档案在力求标准化的同时，力求录入尽可能多的个人偏好信息。国外酒店在健全顾客的信息方面表现突出，如丽兹·卡尔顿酒店采用信息技术对顾客提供高度个性化的关注，公司训练每一个员工记下客户的好恶，并输入顾客历史档案。每当生日，为客人送上祝福，准备礼品。目前，丽兹·卡尔顿酒店已经存放了数以万计回头客的偏好信息，能提供非常个性化的服务，让客人获得一次值得回忆的旅行。它是第一个并且是唯一一个曾两次获得美国国家质量奖的酒店集团（服务行业的最高质量奖项）并多次获得"AAA五星钻石奖"。

5.2.4.2 人性化管理，充分授权

人、财、物以及信息是酒店管理的主要对象，这几个对象往往都需要人去进行管理与调控。所以说对人的管理是整个酒店管理的核心。对员工人性化的管理能够更好地调动酒店员工的积极性，有助于推动员工做好本职工作。如在香格里拉，当餐厅顾客较多时，经理和其他部门的员工都会去帮助餐厅员工端盘子，这就为餐厅员工带去了人性化的管理。国外一些研究学者经过研究发现，授予员工一些权利，一些自由行使权利的空间，可以更好地为顾客带去个性化的服务，根据顾客的需求，调整自己的行为。

5.2.4.3 提高员工素质和服务意识

任何行业人才都是企业得以生存和发展的主要源泉。在酒店业服务人员的专业性和态度决定了顾客对酒店的满意度。服务人员整体素质的高低决定了一个酒店个性化服务的水平。员工对顾客提出的问题应该具有一定的发散性思维，比如，一个顾客去服务台要一份地图，服务人员不是只给了地图就算完成了服务，而是应该问顾客需要去哪里，如果方便的话告诉顾客出行路线，以及周围的名胜古迹或者吃饭的地方等相关信息。酒店服务人员应该把顾客当作亲朋好友一样对待，时时刻刻关心顾客的需求，及时创造性地为顾客提供个性化的服务。斐济国总统访华时，曾住在上海锦江饭店，这位身材高大的总统有一双出奇的大脚，在之前的几个城市还没有用到一双合脚的拖鞋。锦江饭店的人员了解到了这一细节，特别为总统定制了一双拖鞋，博得了总统的赞扬。个性化的服务并不是需要员工为顾客做出什么大的壮举，只是体现在细节方面，为顾客提供细致入微的服务。

5.2.4.4 将个性化服务制度化

特色酒店因人而异的个性化人文关怀和智能化服务，已成为酒店业界突出传统服务观念的新一轮引爆点。但必须认识到，"标新立异"的个性化服务很难保证高品质，因此还需要在行业内制定一套行之有效的制度标准和评价标准，使管

家式个性化服务也有据可行。个性化服务的提供是建立在一定的工作经验的基础上的。管理人员把个性化服务的案例讲给员工听也只是为员工提供一个案例，具体的实施情况还是要在具体工作中慢慢积累的，以不断将制度完善。

5.2.4.5 标准化与个性化相结合的管家服务

曾有酒店专家剖析，如果用100分来形容服务，60分代表标准和基础的"标准化"，40分代表个性和补充的"个性化"，二者完美结合才是王道。特色酒店要想从真正意义上实现标准化与个性化融合发展，其一，必须强化服务人员的专业水平。个性化服务代表着特色酒店服务的最高水准，需要服务人员多才多艺和具有灵活的适应能力，以及良好的工作态度、主动服务意识、规范操作程序等，此外，还需要具有敏锐的观察力、灵活的处变能力、丰富的工作经验和良好的素质。其二，必须能够满足某一消费群体的个性需求。要通过酒店环境氛围，为宾客提供一个比家更理想的好去处，通过提供超越标准服务的差异化的服务，抓住宾客的心理需求。应在细微之处打动人心，使专属服务令宾客喜出望外。

5.3 特色酒店管家式房务管理

5.3.1 特色酒店管家式协同作战团队的构建

特色酒店提供的服务并没有统一标准，而是依据顾客的个人需求而定，重视服务质量，为客人营造友好的消费环境和体验，是特色酒店成功的主要因素。为了给宾客提供个性化、人性化服务，管家式服务作为精品酒店精致服务的一部分，应当贯穿于顾客消费的全过程。为此，特色酒店的客房数与员工数比率都比较高，如客房配置、运营情况较好的特色酒店，十分重视员工的行业意识的灌输、专业技能的训练、职业素养的提高，都有比较好的培训体系和考核体系。组建管家团队成为许多特色酒店经营成功的独门秘籍。杭州富春山居配健身教练带领顾客进行山间晨练，杭州安缦法云有为顾客联络法事的全套服务，悦榕庄有普拉提教练为顾客量身定制健身计划等。可以说，个性化服务是特色酒店的魂，与传统酒店相比，精品度假酒店的管家式服务应当更能为顾客提供贴心到位的服务，以及团队之间的相互配合从而使得宾客更加满意。那么，如何打造一支合格管家协同作战团队变得十分重要，需要做到以下几点：

5.3.1.1 随时、随需的专人礼宾服务

特色酒店要以更加细致周到的对客服务，以"快捷方便"为服务核心，突出自身优势。管家团队的礼宾服务要做到随时、随需。例如，客人进入酒店后无须到前台办理入住，有专门管家帮助办理，宾客可以通过客梯直接到达预订房间，在到达房间的同时私人管家已经帮助其办理好入住手续在门口等候。在宾客要求退房时，需要礼宾服务及时有效地为客人办理离店手续，依据客人需求为客人安排合适的车辆等。

5.3.1.2 岗位专业化

特色酒店通常规模不会太大，但岗位设置较全面。客房洗衣、设施设备维修等工作可以外包给社会上的专业团队来完成，酒店的公共区域清洁和客房的打扫卫生工作可以由钟点工来完成。这样可以使酒店员工更专注于细致、周到的管家式服务。由于特色酒店的人员配备要远远超出标准化酒店，对员工服务技能、文化素养等方面的要求也远远大于传统的酒店。因此，特色酒店要坚持"以人为本"的管理指导思想，注重员工的培训，建立自己强大的专业服务团队。

5.3.1.3 服务管家制订宾客接待计划，各部门协调配合

特色酒店的管家服务是一体化的管家服务，要求服务管家必须在宾客入住前依据宾客个人喜好安排好住店后的一切活动。酒店经营管理者应该让每一位员工都深刻理解公司的经营理念和战略目标，掌握高超的对客服务技巧，具备真诚、及时、超前的服务意识，注重与团队之间的相互配合。依据制定的个性化接待计划，各部门之间需要与服务管家协调配合，及时关注并发现客人在细微之处的隐含需求，提供超前服务、超常服务，使客人在服务过程中得到惊喜。

5.3.2 特色酒店管家式房务管理

5.3.2.1 前厅部管理

（1）前厅部的作用

前厅部是顾客第一个和最后一个接触的地方，是与宾客打交道最多的部门之一，因此也是最可能发现问题的部门之一。前厅部的整体形象通常会给顾客带来最直接的第一印象。总而言之前厅部的工作将直接影响到酒店的整体收入，对酒店的发展起到重要的作用。

①前厅部体现酒店的整体面貌

客人走进酒店，最先感知到的是前厅，因此客人对前厅的印象将会影响他对整个酒店的评价。前厅布局是否同酒店整体风格保持一致，前厅的装饰风格是否与特色酒店整体氛围保持一致，这直接影响到了特色酒店的整体水平。虽然，前厅的布局、结构和整体格调等非常重要，但前厅员工的妆容仪表、服务水平、服务态度、应变能力、亲和力都将影响客人对该酒店的整体印象，因此显得更为重要。前厅部的员工最先接触到来访的客人，因此代表了整个酒店的第一印象，前厅员工的行为是主题展示的一个重要方面。前厅员工在向客人提供第一时间服务的同时就在传递着特色酒店主题概念；在没有与客人接触的时间里，员工的行为就是特色酒店的动态主题展示。

②前厅部能够为酒店带来直接的经济效益

首先，前厅部需要接待尊贵的宾客；其次，前厅部需要承担销售酒店产品的责任；最重要的是，前厅部需要解决各种预订和房间协调工作。因此，前厅部的服务水平与质量牵动着整个酒店的客房销售。针对特色酒店，其宾客主要有以下特点：高收入、高声望、高标准和高品质。他们愿意花更多的钱去购买、体验优质的服务产品，较多地注重产品本身的内涵以及服务人员的专业表现，同时注重专属服务和个性化服务，追求细节上以及精神上的完美体验。一个符合要求的特色酒店前厅部需要做到充分了解目标客户，进而发挥自身作用，大力发扬精品酒店个性化、重视文化内涵的优势，将酒店的特色充分展示给宾客，通过自身优质的服务让宾客对酒店品牌产生好感和共鸣，使宾客安心入住无理由拒绝。

③酒店与客人沟通的桥梁——前厅

所有的酒店都会将"顾客就是上帝，客人永远都是对的"作为酒店经营的主要目标和服务理念。但酒店服务质量体现在各个细节与环节，每个环节都可能引起顾客的不满。如果此时与客人沟通不够及时，就可能产生误会，使客源流失，产生一系列不利于酒店经营的情况，最后必将导致整体顾客群的流失。特色酒店的客源特点决定了前来的消费者通常拥有殷实的经济基础和较高的消费能力；这类客人通常较为注重物质和精神层面的双重体验，眼光独到，注重细节性和专属性。作为前厅部是与顾客联系最多的部门，这也意味着对他们的要求要比普通酒店更高，肩负着更大的责任，顾客入住所出现的问题也要向前厅部反映。因此，前厅的服务能否满足客人个性化以及专属性的追求，是否能够高效率解决问题，是否能够更注重细节等直接影响到整个精品酒店的运作。

（2）特色酒店前厅部存在的问题

①前厅部管理层次复杂

作为定位高端的服务产品以及突出主题文化的个性化服务产品，特色酒店的出现不但迎合了当今大众化消费向个性化消费转变的潮流，同时也在引导一种新的消费方式。可以这样说，没有一家特色酒店是按照标准模式建造的，但是每一家特色酒店都应是让客人难忘的。

作为酒店最主要的部门之一，特色酒店的前厅部需要借助各种手段、更加高效地满足客人的需求，提高宾客舒适度与独特体验的感受。但是在现实过程中，特色酒店前厅部管理人员层级设计上往往与标准化酒店无异，管理层次为经理、大堂经理、主管、领班和员工。因此在特色酒店运营过程中，由于管理层级较多拉长了决策时间，工作效率较低，在遇到实际问题时普通员工被赋予较少的决策权。显示操作过程中层层向上报告的现象，不利于问题的快速解决，浪费客人的宝贵时间，降低顾客满意度，这与特色酒店管家式个性化服务的理念背道而驰。在特色酒店的实际运营过程中需要赋予基层员工和宾客管家更大的决策权，以便能够方便员工与管家之间的工作接洽，如此便能够依据客户需要及时解决遇到的问题，更好地提高工作效率，提升宾客满意度。

②前厅部员工综合素质有待提高

与标准化酒店顾客相比，特色酒店往往有着不一样的顾客群，其目标客户往往都是极少部分的高端消费人群或者想体验特色化服务的人群，他们通常更关注产品本身的品质和内涵以及专业表现，对服务产品的质量方面有着更高的要求。因此，对前厅员工的综合素质提出了更高的要求。

在特色酒店运营过程中，管理层也注意到了对前厅员工的服务技能和服务水平的培训，但是依然存在一定的问题。首先，前台员工过于强调服务态度，反而忽略了自身的工作能力、技巧提高以及对酒店文化内涵的理解。并且，针对酒店的突发事件，前厅员工往往没有充足的经验，不能很好地应对，遇到问题常常手忙脚乱是普遍存在的现象。特色酒店的客源市场构成对员工处理突发事件提出了更高的要求，如果无法很好地处理这些突发事件，不仅对前厅部的工作效率存在不利影响，同时也降低了顾客对酒店的好感。因此，要求员工不断提高自身的综合素质，能够冷静面对突发事件。

③前厅部人才流动现象较为严重

人才流动性较大，特别是基层员工的流动性大是整个酒店业都存在的问题，特色酒店前厅部也不例外。前厅部工作压力大，事务烦琐，薪酬制度有待完善都是造成人才流动的重要原因。据资料显示，北京、上海、广东等城市的酒店员工平均流动率在30%左右，有些酒店甚至高达45%，而在酒店各部门中，前厅部人员流动量占到整个酒店的80%以上，一名员工至少需要3~6个月的培训和工作实践方能达到前厅部岗位要求，而且酒店大量的资讯和对前台员工的特殊要求，使前厅员工的流失成本远远高于其他部门。前厅部在酒店的整体运营过程中有着举足轻重的作用，因此对前厅部员工有着较高的要求，在招聘、培训等方面将付出较大的成本，一旦出现较大的人员流动就会对酒店造成损失，在进行人员调配的过程中将会降低自身的服务质量，打乱工作以及酒店运行节奏，同时也会在一定程度上增加酒店运营成本。

④前厅部需要加强与酒店其他部门的沟通工作

前厅部稳定而有效率的运作对酒店的高效运营起着至关重要的作用。对于强调个性化、高质量、高水平的特色酒店亦是如此。酒店整体服务水平是每个岗位共同努力的结果，只有所有部门协调配合，实现部门之间沟通无障碍才能保证酒店各环节顺利且高效运作。由于前厅部的特殊地位，因此更要加强同其他部门之间的协调配合，才能保障酒店整体服务水平。在现代酒店实际运作中，各部门之间缺乏沟通而成为投诉的最主要原因之一。例如：前厅部与客房部不能有效地对房务信息进行沟通时就会造成已经办理好入住手续的客人却被接待员告知需要等候入住，理由是该间客房服务员还没有打扫完成，这样的沟通失误是造成客人投诉的主要原因。

⑤前厅部需要强化员工文化素养意识

前厅部员工最先接触到住店宾客，因此员工的一举一动都将对宾客心理产生重大影响。在特色酒店的运营过程中最主要的是向宾客传达其文化内涵，前厅部员工良好的文化素养将更加有利于宾客感受到酒店的文化内涵，增加客人的满意度。同时前厅员工良好的文化素养也是特色酒店能够吸引众多宾客的重要因素之一。

（3）特色酒店前厅服务运行管理方法

①提升服务管家工作权限，提高工作效率，使组织结构扁平化

与普通星级酒店一样，特色酒店前厅部普通员工参与决策的权利十分有限，

在很多问题上需要征求上级意见，即使有着多年工作经验的员工也要遵循硬性的规章制度，不能自作主张，这样增加了解决问题的时间，降低了工作效率。因此，应该增加基层员工的权力，小事授权员工，合理地做到组织结构扁平化，扩大员工管理和处理突发事件的范围。全面落实管家式服务管理。前厅部协同作战，管家负责制，从客人check in 到check out，都由管家团队全权负责，增加基层权力，提高工作效率，扁平化组织管理结构。这样不但提高工作效率，而且对提高员工的工作积极性有较大帮助。能够有效增强员工的责任意识，同时为员工提供了积累经验的机会，降低了解决问题的时间，顾客满意度就会增加，减少了投诉率，提高服务产品的质量，增加行业竞争力。

②运用不同方式，推销酒店产品

很多员工缺乏销售经验和销售意识，在销售过程中无法将特色酒店的文化特色、主题风格向客人很好地表达。因此，在营销过程中销售人员更要注重销售的方式和方法，将酒店的产品结合特色文化更好地向宾客进行销售。

a.与顾客沟通，掌握顾客需求

通过与顾客交流沟通，掌握顾客的偏好，了解顾客的需求。在交流期间，应当耐心地为客人介绍和讲解，结合酒店的主题内容和文化内涵，通过细致的交流更好地了解顾客的喜好、需求，这样可以针对不同的消费采取不同的营销方式，推荐不同形式的酒店产品。侧重于某一种特定的销售方式，向客人推荐，继而商谈价格，可使客人感到价格的合理性。

b.向顾客介绍多种选择方式，供消费者自行选择

同普通的星级酒店一样，特色酒店业常常会存在新入职的员工，这些员工往往缺乏销售技巧。因此，针对新入职的员工，可以将酒店所有房型一一向宾客介绍，顾客便可以依据自身的需要自主选择合适的客房。在选择过程中，员工也可适当进行必要的介绍，说明房型的优劣，使顾客感觉到酒店的热情周到。

c.建立完善的宾客资料信息管理平台

俗话说"巧妇难为无米之炊"，酒店所提供的"管家式个性化服务"也不是单凭"管家"的个人力量，就可一蹴而就的；真正有针对性的服务应该是建立在充分了解客人基础之上的，每一位客人由于年龄、身份、国籍、爱好、兴趣和文化修养的区别，需求也会千差万别，因此做好客人资料信息的了解工作非常重要。在了解客人需求信息的具体操作工作上，客人资料的收集、整理与系统管

理，应该成为"管家式个性化服务"的一项重要工作内容。因为当"个性化管家式服务"建立在一个优质的信息管理平台基础之上时，服务工作将有了着力点，具体服务方式的确定才有依据，服务的有效性才可能提高。在对曾入住过酒店的重要客人的信息管理上，建立完善"客史档案"是客人信息管理的重要手段之一。目前一些酒店的"客史管理"工作在房务部前厅的组织下，一步步进行尝试性的完善，但多少还存在着重视不够、信息不全、处理不当等不足，信息质量有待提高。在"客史管理"上加强各部门收集整理的管理力度，在归口管理的同时，明确各区责任划分与管理是很有必要的。至于"客史信息"分析处理与共享管理，也应一并科学规划与管理。只有在有用服务信息和准确度都有保证的情况下，服务的针对性才会增强，客史建立的意义才会日益明显。

d.坚持实施"以人为本"的策略，留住优秀员工

同普通星级酒店相比较而言，特色酒店对于员工的要求更高，因此，如何留住优秀的酒店人才是酒店运营过程中最需要注意的问题之一。酒店员工在销售、服务等过程中最先与宾客直接接触，服务人员的工作水平、服务意识将对酒店的效益产生直接的影响，成为影响酒店利润的最主要因素之一。

首先，为员工提供展示自身能力的平台。在特色酒店中若想更好地留住优秀的员工，就需要为员工提供能够展示自己能力的平台，让员工的能力能够得到最大限度的发挥，让员工感受酒店对自己的尊重和重视，这样有利于酒店整体服务水平的提升。因此，酒店需要为员工安排专业技能培训和学习计划。使员工的能力、综合素质得到进一步发展。

其次，提高报酬，增加福利。员工通过自身劳动获得报酬。在工作中，除了出于对工作的喜爱，对薪水的需求也是激励员工完成既定工作的主要动力之一。在特色酒店中对员工有着更高的要求，因此，酒店应适当站在员工角度考虑，为员工提供合理的报酬。除了报酬之外，员工也应获得相应的福利待遇。作为"管家式个性化服务"的核心元素"管家"，应该有独立的管理制度进行管理；其中建立与工作绩效密切相连的报酬体系，无疑是对"管家"工作的一种肯定和激励。有优于一般服务员的工资标准作前提，再有提供特殊超时工作时的工作补贴与通话费用等管理规定，同时针对"管家"服务提高服务水平、客人满意度、客人回头率、管家点名服务率等调查指标进行绩效考核，并实施有效的薪酬管理，这样的薪酬体系对管家的培训和"管家式个性化服务"提供都有积极的促进

作用。员工在工作过程中，对酒店和客人都做出了贡献，得到福利就是得到了酒店对其自身工作内容和水平的肯定，这样不但会增加员工工作的积极性，而且能留住更多优秀的人才。

最后，尊重员工，理解员工。员工在服务顾客的过程中，难免会遭到误解受到委屈，但又无处诉说，这时，在保证客人满意的情况下，应当考虑基层员工的感受，维护每一位员工的合法权益，使他们得到温暖，不仅把酒店当成工作单位，更是一个受到尊重的团队，自然不会轻易离开。

（4）前厅管理方法

①前厅部的组织优化

对于特色酒店的前厅部来说与其他标准化酒店在组织结构设置方面应该是相似的，是呈金字塔式的组织结构。这种组织模式按照工作职能进行分工，以工作内容作为对行政部门工作职责和工作任务分配的基础。以内部操作分工为基础向行政部门分配工作职责和工作任务。这种模式的优势在于内部分工明确，员工操作便捷；劣势在于忽视了饭店服务活动的整体性和相互关联性，这会造成部门内部或者与饭店其他部门之间不必要的协调障碍，增加了管理协调的难度，增多了管理环节。特色酒店的组织设置可以依据酒店不同客户市场性质、员工素质等各类不同因素，在组织结构较为固化的情况下，适当调整岗位职能。

首先，适度放权于员工。酒店员工工作权力限制会造成凡有"大"事须依次向上级汇报的现象，这种限制会延长事件处理的时间，直接影响部门工作效率，影响对客的服务质量和消费者对酒店的整体印象。因此，适当地放权于基层员工，有利于员工接到客人疑问和投诉时，能够第一时间与客人进行良好沟通，快速解决问题。当然，酒店管理层在决定是否进行放权、怎样进行放权以及放权程度等问题上要审慎，要考虑到责权分配以及酒店营业成本等问题，明晰哪些权利可以下放，哪些必须要通过审核才能进行决策。

其次，明确岗位职责。在设置岗位安排工作人员过程中，应避免出现一岗多职和一岗无事的情况出现。临时性岗位补充和经常性岗位补充对于酒店员工来说存在实质性的差别。例如，在酒店运营过程中经常出现前厅部经理履行大堂副理的职责，如果这种状况常常出现则会耗用前厅经理大量的工作时间和精力，而大堂副理有时却无事可做，这样将导致管理重心有所偏失。

②前厅部流程管理优化

流程并不是一个枯燥的东西，实际上流程是充满了活力和张力的，需要酒店能够与时俱进。

第一，设立部门流程专员，不断完善部门流程。前厅部部门流程的总负责人应该是前厅部经理，同时还需在部门内选择一名员工辅助经理分管部门流程工作。这是由于前厅部经理的日常工作任务较为繁多，对于部门流程方面的管理时间有可能会被其他的工作内容所占据，因此对流程工作的及时跟进、执行、增减以及更新、检查等工作不能及时有效的进行，所以需要由专人负责，协助部门经理管理流程工作。实际工作由负责的主管人员对流程的合理性进行检查，并将结果及时进行反馈，并给出适当建议。部门经理只需对建议进行检查、审核即可。如此将大大提高部门流程管理效率。

第二，流程培训应及时。前厅部三班倒的工作性质，使得部门所有员工在同一时间新的流程培训不太可能，因此需要管理者找到适合部门现状的培训方式确保新流程培训计划能够在员工上班的第一时间被告之，并接受流程培训。可以利用以下两个方法：一是专人负责制。由领班、主管或者有着丰富操作经验的员工负责，将部门员工划分为若干小组，由专门负责人对每个小组负责，要求负责人在一定时间内完成对小组成员全部新流程的培训，并签字确认经培训合格；二是借助信息化平台。随着现代信息技术的发展，信息能够快捷、及时和准确地传输与处理，从而能够使信息在中间层次传递的时间大大缩短，因此降低在中间层次传递过程中的信息流失量，信息传递的时间明显减少。酒店需要提供前厅部每个成员在酒店操作系统中的私人账号，酒店更新的流程信息能够在员工上班登录账号的第一时间自动弹出窗口信息，如此一来前厅员工能在上班的第一时间知道最新的部门工作流程操作细则。当然，信息化平台的使用状况需要通过流程考核加以配合，以检验员工是否正确理解。

③前厅部服务意识的提升

前厅部员工的服务意识来自服务人员的内心，是前厅部员工能够自觉主动完成前厅服务工作的观念和愿望。酒店服务质量是一个抽象的概念，没有较为明确的标准，但从客人的反馈信息、意见中可以统计归纳出员工所提供的服务是否较好地满足客人需求。对于特色酒店来说满足客人个性化和体验性需要放在首位，这也对工作人员的服务意识等方面有了更进一步的要求。

首先，部门管理者作为领导人员需要以身作则。对于部门管理人员来说虽然基本不从事一线服务接待工作，但是在很多时候也需要直接接触住店客人。管理人员对待客人的服务态度将会对员工的服务观念产生很大影响。例如，管理人员在遇到客人时有没有主动打招呼，能不能及时为客人提供需要的帮助，有没有注重部门乃至酒店的卫生细节，处理宾客事务时能不能达到及时性和准确性等。这些方方面面细小的举动却能向员工传达出深化服务意识的信号，有着极为重要的榜样作用。

过去社会上对服务行业存在一定程度的误解，这些误解或多或少在一些员工内心中留下小阴影。随着酒店数目的增加，社会的进步，人们的观念意识也在发生改变。服务业从业人员的职业化发展，社会的评判逐渐趋于公允。因此，从事服务行业的员工，包括酒店从业人员应该摆正个人心态，以职业的眼光看待酒店工作，看待自己所提供的服务。这种观念和意识的强化需要管理者时刻都要将服务质量的概念融入管理工作中，以正面、积极的姿态来宣讲服务工作，努力使员工调整好工作心态，让部门员工时刻都将"强化服务意识"放在心上，做在手边。

其次，前厅服务工作更强调本土文化。现在大量的国外酒店管理集团大举"入侵"中国酒店业，我们在接受它们先进的管理模式的同时，也在面临着重大的挑战。是不是若干年以后绝大多数的酒店都要由国外酒店管理集团来管理了？现在国内许多酒店的人力资源部对具有国外酒店工作经验的员工和管理者都会有所偏爱，这在一定程度上，也会误导国内酒店的发展——"非洋不强"。但仔细来看，这种观点是不全面，也是不太正确的。在前厅管理过程中，我们必须承认国外管理集团的确有它的优势，如它的管理模式和管理制度比较系统化，管理的指标比较量化，可以简化管理过程中的难度。但是，本土的酒店管理有我们自己的优势，比如我们的人性化管理，我们东方人特有的热情，等等。在特色酒店的实际运营过程中，若能将先进的管理制度同本土特有的文化相结合，前厅部的工作必将取得明显进步。

在很大程度上特色酒店的特色文化、本土文化也是其向宾客出售的重要产品之一。因此，需要学会利用自己特有的文化来弥补标准化服务流程的不足。着力打造自己的优势环节，这也是前厅部的重要工作之一。

最后，提升服务人员沟通技能。酒店行业以服务为中心，因此十分注重员工的服务技能。例如，员工能否与住店客人进行有效沟通。这不仅考验员工的说话技巧，考验员工语言表达能力以及服务工作的主动性，同时也考验着员工的情商。有效沟通不仅存在于服务人员与顾客之间，也存在于内部员工之间、员工与部门主管之间。能否有效进行团队管理关键就是考验部门主管与员工之间能否进行有效的沟通。在实际操作过程中沟通技能可以通过培训得以提升，同时管理者也要以身作则，从自身做起。

2007年4月18日，雅高在上海复兴公园的璞邸酒店开业，52间客房分为豪华房、商务房、套房等5种类型，单晚房价4680~14000元人民币；每层都有一个由3~4位员工组成的服务小组，提供准管家式服务。上海璞邸酒店重视客户档案管理，将入住3次以上的客人列入VIP名单，总经理亲自迎候。酒店还重视通过培训和奖赏机制来激励一线员工为宾客提供个性化服务，总经理经常在公共区域巡视，与客人主动打招呼。

上海璞邸精品酒店位于最具上海特色、最具品位的地区（旧法租界，也是首批上海风貌保护区）——卢湾区。坐落在雁荡路步行街与南昌路交界的街角。毗邻有着近百年历史的法国园林式公园——复兴公园。上海璞邸精品酒店入口隐秘，不设大堂，一切皆从保护客人的隐私、让客户不受到任何打扰的角度考虑。非酒店客人是禁止进入酒店的，而酒店会员则有一份访客名单以便会客。酒店的服务宗旨，是对入住的客人提供接近于管家式的服务，这一极富原创性的服务特色，有一个温馨的别名，叫"心语馨苑"，意思是经过专门培训的酒店人员，会用一种自豪感和热情，为客人提供一份灵动、周全的、温馨的融汇了东西方待客之道的殷勤服务。

5.3.2.2 特色酒店餐饮管理

（1）特色酒店餐饮管理现状及存在问题

①缺乏明确的市场定位，餐饮主题不明确

特色酒店越来越受到广大客户的接受，强调个性追求新颖应该成为特色酒店长期追求目标。就酒店餐饮部来说，是酒店的主要盈利部门之一，更应该配合主题酒店或者精品酒店的目标市场定位，开发符合自身特色的主题产品。但是在实际操作过程中发现，在餐饮部经营过程中同质化现象较严重，单一强调豪华，弱化了主题性、个性化的特点。

②经营没有明显的特色，缺乏创新

起初，酒店餐饮部的设立是为住店客人提供餐饮服务，满足住店客人餐饮方面的需求。因此，在餐饮部经营内容的选择上将考虑多数顾客的喜好。为了满足大多数人的偏好，许多特色酒店餐饮部的经营内容往往趋于大众化，出现大而全的特点。但是特色酒店餐饮部在发展的过程所应该突出的是小而精，但是这一点常常容易被忽略。很多特色酒店餐饮部在建设过程中难以形成自身特色，缺乏对消费的吸引力。消费者来过一次后，没有特别值得回味的菜品，也就很难再次光临了。

虽然目前有很多特色酒店管理者已经意识到餐饮发展需要注意创新和特色这一问题，但由于管理制度以及实际经营操作等方面的原因，尚未形成进一步的针对措施。

③缺少优秀的专业酒店餐饮管理人员

无论是星级酒店，还是本书所提及的特色酒店都是劳动力密集型企业，就行业现状而言，酒店餐饮管理人才匮乏是普遍存在的问题。除此之外，素质高的服务员和手艺精湛的厨师变得越来越稀少。导致这一现象的发生主要有两个因素：首先是既了解餐厅管理又了解厨师和服务工作内容的人员稀少，主要是由于餐饮部与酒店其他部门有着显著的区别，餐饮部需要有较高的技术储备，我国餐饮文化源远流长，想要掌握中华美食餐饮知识、技能和管理需要花很多的精力和时间，所以管理专业的相关人员要想掌握餐厅和厨房里的工作将面临极大的挑战。其次，如何留住酒店有实力的人才，是特色酒店中亟须解决的问题。餐饮部是支撑酒店顺利运行的主要部门之一。但是在实际经营过程中特色酒店餐饮部管理人员只有有限决策权，这与餐饮部的地位不相匹配，因此极大阻碍部门员工水平的发挥。

④硬件配置落后、缺乏新颖性

21世纪初，精品酒店概念开始进入中国。在北京、上海等大城市开始零星出现精品酒店踪迹。随后，精品酒店这种特殊形式开始在中国流行。但是在很多情况下由于精品酒店的发展起步较晚，多数时候都是在借鉴国外经营，发展具有滞后性。无论是在设施设备建设还是在餐饮管理等制度方面的发展都不够全面，缺乏新颖性、餐饮部设施设备配置落后成为主要问题。此外，由于多数特色酒店设计人员不参与酒店经营，包括对自身酒店主题文化理解不够深入，没有将相关饮食文化注入酒店主题设计中，而且很少有机会去一些著名的特色酒店体验感受，所以很多时候不了解特色酒店餐饮在设计上的与众不同。因此精品酒店的细节之处不能更好地体现和精确地设计，仅仅是参照之前的方式模仿，这样造成同质化现象，而且不能达到特色酒店餐饮的要求，也与消费者的期望存在偏差。

⑤人事管理机制运行存在问题

我国特色酒店尚处于发展起步阶段，大多数此类酒店缺乏管理运营经验。例如，如果酒店缺乏对厨师间工作员工相应的激励机制以及惩罚机制，将无法高效地调动工作人员的积极性，而且浪费食材、消极工作的事情会常常发生。这种现象不利于酒店对餐饮成本的控制，更容易造成内部员工消极的工作态度。但是在现实中这样的事情时常发生，在酒店行业是普遍存在的。想要发挥人的积极性规范员工行为就要制定相应的激励机制和惩罚措施。只有采取正确的奖惩措施，员工才会有动力，才能完成好自己的工作任务。

⑥经营成本难以控制

成本管理是酒店经营管理的重点和难点，而对于进行成本管理控制则是重中之重。餐饮部门在管理过程中应树立成本效益的观念，辩证地看待投入和产出关系，尽量做到"花钱是为了更好地省钱"。

随着酒店餐饮业的蓬勃发展，竞争加剧，酒店行业的利润率逐渐减少，行业进入微利时代，因而成本控制变得十分重要。因此在餐饮管理的过程中必须采取切实措施，降低采购成本支出，对成本进行动态管理，向消费者市场提供更有价格竞争力的产品。然而在现实操作过程中，管理者对成本的管理控制往往不是那么有效，常常过于强调材料质量而忽视对于成本的控制。

⑦缺乏顾客反馈系统

餐饮服务水准以及服务质量的好坏、能否让消费者满意，这些所有的评判者是顾客而不是酒店管理人员。酒店管理人员唯一能做的就是依据消费者的反馈，不断改善、提高服务质量。

（2）提升特色酒店餐饮服务管理方法

①准确的市场定位，树立品牌文化

特色酒店餐饮部经营的就是具有主题性、个性化的特色产品。当今，由于餐饮市场消费呈现出结构多样、层次多样、风味多样等特点，从而使餐饮业在市场经营以及市场细分过程中的工作变得更加复杂多样。因此，在更加强调个性化的特色酒店，作为其餐饮部门更应该强调灵活多变的经营方式。此时，酒店最重要的是找准目标定位，明确经营主题，这样才能适应市场变化的要求。例如上海扬子精品酒店，注重细节管理，由点到面，强化宾客满意度叠加效应。酒店推出富有老上海特色的餐饮和服务受到较多的市场关注度。因此，要想在餐饮消费市场分得一杯羹，就必须准确定位目标市场，根据目标消费群体的消费行为特征，灵活变换营销方式。

②狠抓菜肴质量，注重成本控制

现在消费者更加注重餐饮菜肴的营养搭配、菜肴卫生状况、菜肴质量以及特色等。因此，在特色酒店中更需要提高菜肴卫生水准、注重菜品营养搭配等。餐饮部门的质量管理在酒店管理中是非常重要的环节，是必不可少的工作。成功的特色酒店的主要客源要求在餐饮质量管理上更要做到精益求精，这样才能在与同行的竞争中立于不败之地。当然，特色酒店餐饮从本质上来说是一个经济组织，在提高菜肴质量的同时注重餐饮成本控制才能提高餐饮竞争力。对特色酒店餐饮成本控制要做到以下两点：一是菜品成本控制，通过控制成本降低菜品原料成本、运输成本、保存成本等，以此降低制作菜品成本。在制作菜品时需要注意地方特色性以及原料的时令性，应当就地取材。二是部门现场控制，厨房和餐厅物品、设施、能源的现场管理，以及对部门人力资源的控制，在保障菜品的同时合理降低餐饮人力资源成本。

③提升餐饮文化内涵，打造餐饮品牌文化

文化、个性产品是特色酒店所经营的一种核心概念，餐饮的品牌化战略将成为特色酒店提高市场占有率以及吸引顾客的重要经营策略之一。特色酒店提升文化特色、营造品牌需要做到以下几点：a.开发有本地特色的饮食文化。例如，结合中国传统文化和现代文化而形成的自身主题文化。b.特色酒店餐饮在提高餐饮质量、提高菜品特色的同时，在环境硬件上应该提供与整个酒店特色文化相契合的建筑设施以及内部装修。例如，小桥流水、古色古香、宫阙楼阁都能给往来消费的客人不一样的感觉。

餐饮管理者，在进行经营管理过程中要明确自身主要的客源市场，根据客源市场特点选择该客源层比较喜欢的菜系，注重原料的搭配与烹饪技术的运用。不论是从菜品风格还是餐厅装修布置都要相互呼应，与菜系风格相协调。切勿为了吸引更多客人，将多个菜系的菜品放在一起经营，从而失去自身特色，反而不利于部门的长久发展。

④建立酒店餐饮服务补救措施，完善服务管理体系

特色酒店餐饮在建立高质量和符合自身特色的服务管理体系时，要尽量避免失误，因此就需要通过建立高质量的服务补救体系，在服务失误时，能够及时采取补救措施，进行补救工作来弥补服务过失。

顾客对特色酒店满意度的提升，对培养顾客忠诚度，提升部门核心竞争力将会产生很大的帮助。首先，应当从实际出发，着眼当下，认识到自身品牌主题现有的不足，通过不断改善，建立良好的整体形象、提升整个工作团队的工作效率和解决问题的能力。此时，更需要关注本行业市场发展动向，以顾客需求为导向，时刻关注行业市场变化与信息。这样才能针对特定的客源市场创造出更多优质菜品，加以个性化、人性化的特色服务，以此赢得顾客、市场以及更高的市场占有率。

⑤提供标准化和个性化的服务

无论是普通星级酒店还是特色酒店，餐饮服务应该比社会餐饮服务更具有规范性。人们去酒店就餐往往希望获得更高的礼遇，只是一种高层次的享受。作为酒店餐饮部门应该狠抓常规服务工作，满足消费者的心理需求。因此，酒店餐饮部门若想在激烈的竞争中脱颖而出就需要在细节上狠下功夫，做好常规服务工作，提高服务质量，树立服务品牌。

特色酒店最重要的是强调整体风格产品的个性化、特色化。因此餐饮特色表达不仅体现在硬件设施的配备，例如，用餐器具的选用，装修风格等契合自身主题。其次，在软件设施上也需要进一步提升。例如，个性化服务等。餐饮部需要不断完善客户资料，通过资料的收集和完善可以更加了解住店的宾客。了解客户的喜好可以为更优质的服务提供更好的依据，增强餐饮服务中的预见性。依据宾客的喜好与习惯，改进餐饮服务过程中的操作细节，这样才能够从根本上实现个性化服务。

⑥加强特色酒店餐饮管理，培养专业人才

人才是关键。人才短缺是酒店业普遍存在的问题，特色酒店更是如此。以此，建立合理的人才培养机制，才会从根本上提高酒店的市场竞争力。餐饮部人才分为三类：管理人员、服务人员以及技术人员。人才培养从两方面入手，一是可以借助外力，同时也可以酒店自己进行培养。餐饮人才的培养，可以分三

步：首先，对目前已有员工能力进行评价，从已有员工中选拔有培养价值的员工。同时也可以从一些专业院校选拔一些优秀毕业生，通过岗前专业培训增加学生的工作经验，让优秀的毕业生尽可能多地转变为优秀新员工。其次，还需要制订切实可行的员工培养计划，定期进行业务上的培训。有条件的还可以聘请国际性、有先进管理理念的酒店管理人才来进行指导或者聘请国内院校酒店管理专业专家给员工进行定期指导，提高员工理论素养；最后，制定定期考核制度，对于时间段内表现优秀的员工给予奖励。通过制度上的改善，提高餐饮管理效率。

如珠海长隆马戏酒店（马戏主题）毗邻现有的国际马戏城，酒店拥有700间马戏主题客房，有两大别具特色的主题餐厅：马戏主题餐厅以及梦境成真主题餐厅。马戏主题餐厅是一个海鲜自助餐厅，整间餐厅以马戏为主题，同时设计商着力打造海洋般的奇幻就餐环境。梦境成真主题餐厅主要强调中国特有的家庭专属餐厅，力求为幸福家庭配套。在宾客享用美食的同时，更能欣赏到奇幻的舞台表演。只有极具个性化的、与酒店主题相契合的餐饮产品，才能够在激烈的酒店市场竞争中找到自己的立足之地。

（3）小结

当前，中国的特色酒店餐饮正处在一个逐渐上升、磨合的运行过程中。作为酒店餐饮管理人员，特别是特色酒店的管理人员需要有敏锐的洞察能力，看清不断变化的市场形势，主动掌握社会改变的方式，对酒店的运行方式和内容合理地进行整合，提高服务质量、内容、水平的创新力度，不断提高服务意识和管理水平，让特色酒店餐饮的收益持续稳定增长。

其次，餐饮部门除了为住店宾客提供膳食和服务外，还存在大量的本地非住店客人。如果特色酒店能做到餐饮的特色性以及高质量、个性化的服务水平，对这些客人将会产生很大的吸引力。对增加餐饮部的收入将会有很大帮助，提高餐饮部利润。同时，餐饮部作为酒店精神文明的"窗口"型部门，知礼节、讲礼貌，使客人处处感到彬彬有礼，可以缩小宾客与酒店的距离感，提高饭店的声誉。

5.3.2.3 特色酒店房务管理

无论是在普通的星级酒店，还是在特色酒店，客房部都不同于其他部门，其主要任务就是打造整洁、干净的客房，为客人提供周到的房务服务。尤其是在特色酒店中更加强调客房的设施设备以及服务管理水平与整个酒店主题文化的和谐，更加强调个性化和特色化。因此更加强调管家式个性化的客房服务。

客房作为酒店的主体，对酒店的全面发展至关重要。酒店行业竞争越来越激烈，房务管理水平直接影响到酒店内的经济收益。提高特色酒店房务管理水平，加强对客房服务做到个性化的管家式服务，能够更好提升酒店整体形象和服务竞争力。影响服务质量的因素很多，但关键是无形产品的有形化，也就是说把个性化服务纳入酒店的服务体系之中，使宾客感到服务热情周到、有人情味，树立酒店良好形象。如何对房务工作进行有效管理对于特色酒店和客栈来说至关重要，特别是对于客栈而言其主要的盈利来源就是出租客房。

（1）特色酒店客房的作用

酒店客房是客人们出门在外的临时家居场所，因此客房部需要为客人提供各种各样的生活服务设施。客房部也是酒店盈利的重要部门之一。可以说客房是酒店存在的根本。

①客房服务直接影响到酒店等级

酒店等级水平主要体现在硬件设施和软件设施两个方面。硬件设施包括内部装修、服务设施、房间结构与布置、家具家电的配备等；而软件设施主要体现在工作人员的服务水平、服务技巧以及酒店文化等无形方面。但是就综合而言，特色酒店客房的综合水平都是体现在客房服务水平上。一般情况下客房是顾客停留时间较长的场所，因此更加容易从各个角度感受其服务水平，所以客房服务水平成为衡量酒店等级水平的标准和影响酒店声誉的重要因素。

②客房是酒店一切经济活动的"引擎"

客房入住率的提高能够带动酒店各类设施发挥作用，进而推动整个酒店组织机构的良性运转：客人进入酒店之后，从前台办理入住手续、缴纳住宿费用以及到客人入住房间，直到客人去餐饮部用餐、宴请或者在酒店内进行休闲健身、娱乐消遣等。都需要良好的客房服务才能够将一系列的事情盘活。

③客房收入影响酒店经济收入

一般来说，酒店的主要收入由餐饮收入、客房收入和综合服务设施收入构成。而在这些收入中，客房收入是最主要也是最稳固的来源，所占经济收入比例较为可观，因此可以看成是特色酒店经济收入的重要支柱。而客房服务水平的高低直接影响到客房的收入，从而对酒店整体收入产生较大影响。

④客房服务管理对酒店节能降耗发挥着重要作用

在整个酒店成本中，客房商品的成本占较大比重，其能源（水、电等）、易耗品（一次性用品等）、硬件设施设备（房间内部家具、电器、卫浴等）物品会有较大的消耗。如果客房部能够进行科学的房务管理，将能够降低酒店成本的消耗，从而使酒店利润最大化。

（2）精品酒店、主题酒店及民宿客栈客房管理现状分析

虽然客房经营对酒店整体发展起到重要作用，但目前，特别是对处于刚刚起步阶段的特色酒店以及民宿客栈而言，其房务管理依然缺乏有效的管理办法，管理人员对房务管理缺乏正确的认识。主要体现为：对其重要性缺少足够重视；客房设施设备养护不当，对硬件设施缺少长期维护；管理手段方面有所欠缺，管家式服务落实不到位，很少有管理人员从节约的角度统筹客房服务管理、客房建设问题以及房务管理水平等问题，在与酒店自身主题相契合等方面有待提高。其原因包括：

①房务管理认知程度低

虽然，现阶段特色酒店也逐渐进入人们视野，行业进入快速发展阶段，大多数特色酒店在口头上承认房务管理的重要性，但在实际操作过程中常常忽略房务管理。这在整个酒店行业中也是普遍存在的问题。一方面，部分客房管理人员对房务管理的工作内容没有充分认识，片面地认为客房部的主要工作就是为客人提供住宿服务，缺乏对房务管理的有效认识；另一方面，缺乏对客房员工必要的培训和管理，再加上一直以来社会上轻视服务工作的传统思想作祟，员工工作积极性难以调动，酒店房务管理意识亟待提升。

②房务管理水平低

硬件方面，多数酒店更加在意酒店大厅、院落等外在设施养护，忽视了客房的设施设备维护与更新。在软件方面，酒店业服务人员流动性较大，员工素质良莠不齐，出于节约成本的考虑，酒店内部经常忽视对客房员工服务水平、业务能力等方面的培训和提升。对于多数特色酒店的管理人员来说，目前尚不能意识到管家式个性化服务对于客房服务的重要性，或即使有些管理人员已经意识到管家式个性化服务的重要性，但在实际操作过程中不能够以这样的标准来落实对客服务工作。

③房务管理手段乏力

要实现对客全程服务、要实现客人需求和服务信息共享、要实现各部门待客

资源整合并协调运作、要实现管家创造性服务提供、要实现提供管家式服务的从业人员的素质的全面提升、要实现管家真正意义上全面解决客人在酒店期间的所有需要等一系列问题，必须要建立一个与之相匹配的管理机制。当前，部分酒店管理层对酒店房务管理的重要性缺乏有效认识，对房务管理工作多流于形式、简而化之；或者仅停留在对员工进行简单说教的层面，没有确定的管理标准。既缺少对员工的服务技能培训，也未确立有效的考核机制，无论在机构设置方面还是人力资源配备上，都不能对房务管理工作进行有效的控制。

④服务技巧有待提升

优秀的"管家式服务"的执行人员都必须做到知识面广，拥有丰富的服务技能和知识，了解每一位客人的生活习惯及喜好，能够提供"超前服务"、能够提供"商务服务"，是全盘统筹管理的"管家"，是提供高品质"管家式服务"的保障；而系统地确定管家从业人员的素质标准，根据管家服务的现实要求，系统组织与培养优秀的"管家"，是"管家式个性化服务"实践中一定要做好的工作。让"管家"们"十八般武艺样样精通"是管家队伍建设与持续培养的目标。就现阶段而言，这样的客房服务人员十分匮乏，房务部员工的服务技巧有待提升。

⑤缺乏有效的激励体系

建立独立的"管家"管理制度，做好激励与薪酬管理，在提供"管家式个性化服务"的过程中，"管家"作为服务提供者，其个人素质与敬业精神将直接影响最终的服务效果。作为"管家式个性化服务"的核心元素"管家"，应该有独立的管理制度进行管理；其中建立与工作绩效密切相连的报酬体系，无疑是对"管家"工作的一种肯定和激励。有优于一般服务员的工资标准作前提，再有提供特殊超时工作时的工作补贴与通话费用等管理规定，同时针对"管家"服务中的服务水准、客人满意度、客人回头率、管家点名服务率等调查指标进行绩效考核，并实施有效的薪酬管理，这样的一个薪酬体系对管家的培训和"管家式个性化服务"提供都有积极的促进作用。但是在实际过程中，由于这一理念体系还不够完善，很多酒店尚不能建立一套较合适的薪酬制度来激励"管家"更好地实现个性化的服务工作。在酒店人力资源管理中，培训是一个重要环节，对酒店发展也将起到重要的作用。

⑥管理方面还缺乏节约意识

房务部在实施成本控制管理工作中是比较困难的，一般酒店会采取对房务部成本加以控制或减少，在日常使用办公用品方面也要增加节约意识，就能从本质上相对增加酒店整体的利润。部门管理者也要在日常经营管理中加大节约管理的监督和检查工作的力度，同时，也要加大对员工节约意识的提高，杜绝浪费现象。当然，节约是一个漫长的过程，不是一天两天的事，如果员工自身没有成本控制的意识，节约做不到位则会加大酒店运营成本。在平时的运营与管理中，缺乏对员工在节约的问题上的培训，没有相应的制度约束，再健全的成本控制制度也很难取得理想的效果。

（3）房务管理要求

①做好清洁保养，保持饭店设计水准

客房的日常管理、清洁和保养需要管理者对其进行严苛的管理。酒店新开业时都能够吸引一部分求新、求奇的客人。因为新的设施设备，在感官和体验上确实能满足客人追求新环境、追求舒适度的心理需求。在宝洁公司与美国旅馆基金会进行的一项联合调查中表明：宾客在首次或再次选择某一家酒店所考虑的诸多要素中，环境清洁程度是考虑的首要因素，宾客不再选择某家酒店所考虑的所有因素中，不够清洁是出现最多的原因。所有的这些都能够说明清洁保养状况是客人最关心的重要因素之一，关系到酒店的经营。

一方面，很多酒店在装修、装潢、设施设备等硬件上的投资远远大于用于提高员工服务质量、业务水平等软件方面的投资。很多时候酒店会毫不吝啬地对其硬件设施进行更新改造，希望通过不断改造能给客人提供崭新的体验，吸引更多的客人前来。而另一方面，与优质的硬件设施相对应，只有提高酒店的清洁保养工作才能使酒店的工作持续地保持新状态，不断吸引客人前来。酒店做好清洁保养工作将能够延长酒店更新改造周期，提高效益，节约成本。因此，酒店经营管理要时刻关注清洁保养工作。

②提供优质服务，让客人完全满意

酒店通过为客人提供住店以及其他服务，使宾客在酒店停留期间感到满意也是酒店房务管理的目标之一。首先，房务部管理者需要明确酒店的服务对象是来店宾客，这其中既包括住店客人，同时也包括非住店客人；其次，通过业务培训，在酒店上下要对何为优质服务达成一致。酒店规章制度中应该明确规定优质服务的主要内容。例如，清洁规范、服务规范、员工仪容仪表规范等。在很多时候执行好这些规范不一定需要增加什么设施设备，只需要提高员工的"对客服务意识"，多为客人考虑、尽可能为客人创造便利条件等。而这些意识的养成需要管理人员不断地对其进行培训和灌输。

提高客人的满意度还需要注意不墨守成规，灵活依照酒店管理规范，执行对客服务工作。这样既能使客人感受到服务人员友好服务的同时也会让客人感受到酒店服务工作的规范性。例如，一些酒店规定在早上7：30以前需要将开水送入客人房，但是这种规定也需要依据实际情况灵活变通。如果一些客人有晚睡晚起的习惯，7：30之前进行客房送水的服务可能会出现影响客人休息或者撞见一些尴尬场面的问题出现。对客人而言，这可能会造成其利益受到伤害。酒店管理部门需要注意的是规范的制定本身应该从客人角度出发，保障宾客利益。如果实际操作过程中过分强调规范，而忽视客人利益，那么这些规范将是不合格的。其次，宾客服务管理还应该包括客用品的配备与管理。房间客用品的配备应该满足客人日常生活的需要，需要符合环保节约的理念，也应该让客人感到舒适、满意。能让客人感到满意不一定是因为其豪华的硬件设施，在很多情况下，细致的服务态度、温馨的房间布局、周到的服务意识更能让客人感到满意，提高顾客回头率。正如酒店行业的一句有名的话所说：酒店的差别来自细节之处！

③改善财与物的管理，创造良好的经济效益

酒店运行的最终目的还是获得最后的经济效益，这是酒店所有部门的目标，同时也是房务管理部门的最终目标。如何获得最大的经济效益是房务管理工作中必须要考虑的内容之一。在酒店管理过程中涉及财与物的管理问题都是很复杂的，例如，酒店预核算计划等问题。在酒店管理的实际操作过程中，会出现上级管理者为了控制预算开支，对下级部门上报的预算费用不分青红皂白，先去掉一半。但是，正所谓"上有政策，下有对策"，酒店各个下属部门在上报预算计划时，往往不会根据实际状况，而是向上虚报很多。这些状况的出现对正常的酒店运营是不利的。一份出色的部门预算应该是精确计算，通常日常的采购、领用是较为宽松的，只要能控制在预算内，无须"卡"一下。而且部门年终的收支状况往往与年初的预算相差不多。部门在运营过程中超出预定之处固然不好，因此应及时查明原因；但是节支太多，也并不是太好的事情，需要查明原因，是否由于缩减了开支而影响到客人的满意度和员工的服务水平。客房部财物管理通常涉及以下几个方面：

　　a.客用品的管理。

　　b.布件管理，应控制布件的损耗与流失。

　　c.房间、楼层设施设备管理，通常包括客用设施的清洁保养和工作设施设备的日常维护等问题。

　　d.清洁剂的控制。

　　管理的最终目的是使整个酒店能够获得最大的经济效益和社会效益，客房部对整个部门物品的控制都应该融于日常工作之中，有效的物品管理能够提高部门工作效率。客房部是获得酒店的投资最大的部门，成为酒店的盈利大户是理所应当的。而要完成这个最终目标，必须在方方面面都做到最好。

　　客房部需要通过自身努力提升硬件设施，但是对于软件的管理同样不能忽视。房务管理，不论是从管理人员角度还是从普通员工层面来讲，最主要的都是不断完善和提高对客服务的质量。提高完善对客服务质量需要做到以下几点：

　　a.热情周到的服务态度

　　酒店客房管理人员的服务态度是指其在思想态度、服务意识以及业务水平等方面的集中表现，同时也是酒店档次高低的重要衡量标准。酒店员工良好的服务态度要求员工做到周到、耐心和主动。面对客人的合理要求要做到热情服务，耐心周到，尽可能满足客人个性化需求。要在语言和行动上都能使客人感到宾至如归。尽量避免虽然能为客人提供服务，但在言语上不能体现自身的热情与周到，这对有些挑剔的客人来说将会产生极大的不满意，影响顾客满意度，造成了一个不能使客人满意的服务形象。除此之外，客房部工作越是繁忙越能考验员工的服务态度，这时候面对客人的询问和寻求帮助，服务人员仍然需要保持耐心和热情，要做到不骄不躁，工作细致周到。这样一来客房部工作的基本要求就得到了更好的体现。在特色酒店中，员工在完成基本要求的同时还需要把客房服务做得细致入微，要具体了解不同类型客人的生活喜好，掌握住店客人生活起居规律，以便能够更好地提供客房服务。尽量选择客人不在房间的时候进行房间的清扫工作，避免影响客人的正常休息和隐私。做到从宾客角度思考，真正关心客人，使客人真正感受到酒店客房服务人员给予的服务与帮助。除此之外，客房服务工作应该时刻体现主动。这里"主动"就是在客人开口之前提供其所需的帮助，这也是客房服务员具有强烈服务意识的集中体现之一，这也能够体现其是否是一名合格的服务人员。"主动"具体体现在：能够主动迎送客人、有与客人主动打招呼的意识、对客服务语言要亲切标准、主动为需要帮助的客人提供帮助、主动照顾老幼病残的客人、懂得征求客人的意见。对客服务的过程中客房服务人员的服务意识和态度主要做到服务态度诚恳、热情，且面带微笑，让客人感受到服务人员的友善。客房服务人员在工作中需要统一着装，要衣着整洁干净，在精神面貌方面要体现酒店的精神，以积极的态度对客服务。在对客服务的语言上要做到语言清楚、准确，语速适中，语调亲切、柔和。在对客服务的行为上要做到举止端庄大方。在对待住店客人服务态度上，要做到能够积极主动地为客人排忧解难，时刻为客人着想。在客人住店前要做好准备工作，有针对性地为客人提供最优质的服务，为客人提供良好的休息、住宿环境。首先要做到尽快掌握了解即将住店客人的基本信息，包括客人的房号、姓名、喜好、生活习惯、生活禁忌、宗教信仰等。以便能够在客人住店后为其提供更有针对性、更优质的服务。在客人入住前一到两小时所预订的客房要整理完毕，保持整洁、干净、卫生、安全，各种设施设备调整完毕，所有的准备工作都要符合酒店客房等级规格以及定额标准，要保障客人基本放松、休息的需要。另外，在客人到来之前要做好硬件设施的检查工作，包括电源、空调、热水等要保证能够正常使用。水管、门窗等保持良好使用状态等。

b.良好的管理素质

部门管理者是客房部在经营管理过程中执行决策权的主要人员，是特色酒店客房管理好坏的关键因素。同时也是部门工作计划的制订者、部门文化形象的传播者、酒店文化内涵的宣传者以及部门员工工作的监督者。实际操作过程中，对客服务的质量好坏，能否较好地体现酒店文化内涵除了与服务人员自身的服务意识和服务技能有直接的关系之外，与管理者的监督工作也密不可分。一个管理者是否能够合理地制订计划、安排工作，是否能够及时地对员工的工作进行指导，从而不断提高员工服务意识、服务态度以及服务质量，将成为提升酒店整体形象的重要因素。客房部管理者要做好计划、决策、指导等日常工作，需要具备以下素质：首先是专业技能。就不同的酒店而言，专业技能是指具有酒店自身特色，满足特定岗位所需要的专业技术和技能。专业技能是现代酒店行业中形成各部门有效协作中所不可缺少的重要因素之一。在酒店行业中专业技能有着十分重要的作用，酒店行业的专业技能主要包括：制定部门以及酒店整体计划的技能、决策技能、执行管理职能的技能、处理突发事件的技能、团队协作的技能、语言表达技能、良好的领导能力、培养下属的技能以及财务管理的技能等。管理者的服务技能是酒店综合服务的重要组成部分，虽然多数时间管理者并不处于服务客人的第一线，但是其领导作用、权威作用、标杆作用在很大程度上将对一线员工产生巨大的影响，为整个酒店树立良好的整体形象和推动酒店未来的发展构筑坚强的基石。其次，管理人员的服务理念也将对部门乃至酒店的发展产生巨大影响。服务理念是指意识形态的能力，它代表了一个管理者能否进行抽象意识的思考，是否可以形成先进意识理念的能力。一名合格的部门管理者必须具有一定理论水平，并且能够将理论知识与实际情况相结合以此来解决现实中遇到的实际问题。由于每个人所具有的分析与思考能力、文化修养以及决断能力都是不同的，并且酒店客人需求多多样化、工作人员能力层次变化多样，因此能够较好地处理人际关系是非常重要的，管理者的个人魅力决定了在遇到各种突发事件过程中，能不能保持清醒的头脑、清晰地解决问题，以及能否较合理地处理突发事件。这对酒店部门的日常管理都是非常重要的。

c.健全的管理制度

· 严格遵守部门规章制度，遵守工作时间，严禁迟到、早退。

· 准时参加例会。依据酒店自身需要制定召开例会的时间。例会中需要总结近一段时间内酒店内部工作情况，根据例会总结情况，优点继续发扬，失误尽快更正。

· 酒店上下严格遵守法律规定的休假政策，制定合理的假期轮休政策，保证员工有较为合理的休息时间，这样才能更好地投入下一轮的工作中。

· 给予生病员工更多关怀，同时也要杜绝请"假病假"的现象出现。

· 严格执行上班时间制度，针对突发事件，需要制定应急措施，以不影响酒店正常运营为前提，协调好各方关系。

· 对有品行不端正、存在偷盗顾客行为的员工，需要严肃处理，必要时直接开除处理，情节严重的需要移送司法机关。

· 认真做好酒店安全防范工作，尤其注意做好酒店的防盗、防火工作。扩大安保巡查范围，发现异常及时报告解决。

· 工作时间内不准擅自离岗，严禁做与工作无关事情。

· 服务人员不得随意领无关人员到客房内逗留、玩耍。

④提升客房员工的职业道德修养

作风和礼仪是酒店客房员工职业道德的体现，员工若没有严格遵守规章制度的意识，酒店客房的规章制度就形同虚设。而酒店客房环境是由员工来维护、爱护和创造的。酒店管理者应该通过树立客房员工正确的人生观和价值观，培养他们良好的行为习惯，挖掘他们优秀品质等途径，提升员工的职业道德修养。良好的职业道德素养是酒店提高服务管理水平的重要因素之一。

例如，安缦度假村为留宿7晚以上的客人提供量身定制的旅游行程（7天一人7700美元），其中包括全部膳食、与度假村特定的饮料、洗衣服务、远程通行证以及专属导游与交通工具，并可在任一家安缦度假村的水疗中心享受60分钟的按摩服务。

（4）小结

酒店房务管理的基本要求就是为客户提供最满意的客房服务，这也是酒店经营管理的重要目标之一。随着市场的发展，酒店业竞争日趋激烈，因此酒店房务部的管理必须要符合市场发展需要，通过采取一系列措施加强酒店房务部管理水平，提高管理质量，满足宾客个性化需求，力争为不同类型的客户提供最优质的客房服务，从而提高客户满意度，增强酒店核心竞争力，为酒店未来的发展提供强劲动力。随着酒店管理者们的环保观念的增强，对新生事物的接受，审美观念的更新，以及宾客对服务质量的提升，酒店房务部整体经营的现状以及未来趋势也会得到更加有效的改变和突飞猛进的发展，也必将促进酒店经济的整体发展。总而言之，对于客房部的每一位管理者而言，要使整个客房部管理系统有效地运行，就必须正确掌握管理的科学手段，扮演好管理执行者的角色，提高管理能力和管理效率。

5.4 特色酒店人力资源管理

5.4.1 特色酒店人力资源管理概念

特色酒店人力资源管理是指运用现代化科学管理方法，通过对与物力相联系的人力进行相关培训、调配以及组织，使物力和人力保证最佳配比，同时还需要对人员的心理、思想以及行为进行适当的控制、协调与诱导。充分发挥人的主观能动性，做到物尽其用、人尽其才、人事相宜，以此来实现特色酒店以及民宿客栈的人事管理目标。

特色酒店人力资源管理就是科学地运用现代管理学中组织、领导、计划、控制等职能，对酒店内部人力资源进行合理的开发和利用，使人力资源能够形成最优组合，最大限度地挖掘人力资源的最大潜能，调动内部员工的积极性，使有限的人力资源尽可能地发挥最大作用的一种全面的管理。

特色酒店人力资源管理，就是通过人力资源工作培养能提供"管家式服务"的人，让他们"十八般武艺样样精通"。在特色酒店的实际运营过程中所有的"管家式服务"最后都要通过优秀的管家去一一实践；在处理并满足客人各项服务需求的过程中，管家的素质起着关键的作用；知识面广，拥有丰富的服务技能和知识，了解每一位客人的生活习惯及喜好，能够提供超前服务、能够提供商务服务、能够全盘统筹管理的管家，是提供高品质"管家式服务"的重要保障；而系统地确定管家从业人员的素质标准，根据管家服务的现实要求，系统组织与培养优秀的管家，是"管家式服务"实践中一定要做好的工作。让管家们"十八般武艺样样精通"是管家队伍建设与持续培养的目标。因而在提升管家综合能力的实践过程中，岗位培训、酒店内交叉培训和专家培训引导都是很重要的，这些也都是酒店人力资源管理需要做到的。

5.4.2 特色酒店人力资源管理趋势

5.4.2.1 注重员工的职业发展

第一，现在已经进入了知识经济时期。而这一时期经济发展的决定性拉动力和资源因素是人力资本。在服务业中，人力资源管理作为有意识、处于主导地位的要素出现。酒店业的服务人员也不例外，而且表现得更加明显，服务人员不仅仅提供硬件设施，同时也是软件设施的提供者。对于酒店来说，硬件如果没有人去运用，那就成了无用之物，酒店也将不复存在。所以，对于现代酒店管理者来说不应该仅仅追求所有者权益最大化，而是应该更加注重利益相关者的利益。在实现企业目标的同时，注重员工个人目标的实现以及员工职业的发展与开发，这将成为新世纪、新的时代背景下企业实现利益最大化的前提保障。

第二，酒店管理者在进行管理工作时，应同时注重员工物质和心理两方面的需求。对于特色酒店而言，了解员工的心理动因可以更有针对性地对员工进行管理培训。从而使得人力资源工作更加富有成效。此时，特色酒店行业应该跳出传统的人才储备模式，更加注重人才地发展，人尽其才，物尽其用，使之产生合理的效用，并有效地帮助酒店良好的发展。

5.4.2.2 人力资源的作用不断强化

（1）人力资源在制定和执行酒店战略方面的作用逐渐加强

过去酒店战略计划制订一般都是由管理层商议决定的。随着时代进步和劳动力市场的发展，企业应该让人力资源部门也参与酒店战略目标的制定，使员工的意见有被采纳的可能，提高员工的归属感。

（2）人力资源作为酒店参谋的作用进一步强化

虽然特色酒店规模不会很大，但是由于其特殊的服务人员配置比例导致其内部员工队伍结构较为复杂。因此，需要人力资源部门以专业的视角对员工进行科学的监督，所以酒店对人力资源管理者在实际工作、监测员工工作态度、构建酒店文化以及建立质量改善小组等方面提供的参谋意见的要求会不断提高。

（3）人力资源管理的直线作用不断强化

一般企业的人力资源部门属于直线结构，有一定的人事决策权，但是不具备完全的决策权。随着酒店业务的扩张，酒店职工的增加，应该适度地增加人力资源管理部门的自主决策权，不必事事时时都要求向上级汇报，减少人力资源部门的工作内容。

5.4.3 特色酒店人力资源管理特征

5.4.3.1 局外性

局外性指由客人来对酒店员工服务质量进行监督和评价。正如喜来登酒店创始人翰德森认为，对员工最有效的管理方式就是住店客人对其进行服务质量的监督和评定。因此在喜来登集团旗下的每家酒店都制定了相应的客人评价酒店服务质量的问卷调查表。在我国，主要通过设立大堂副理、客人意见箱等方式来听取客人对酒店的投诉和建议。特色酒店人力资源部门可以通过宾客等相关人员对"管家式服务"质量反馈，不断完善管家服务质量，依托局外力量对其进行监管。

5.4.3.2 跨越性

跨越性主要表现在地域和文化两方面。近年来，国际连锁酒店已经在中国实现了跨国界的集团化经营管理，如员工的招聘、培训、调配等都反映了跨地域的特点。同时国际连锁酒店兼具文化的跨越。

5.4.3.3 超前性

人才培养要具有超前性，这样才能保证在不断变化的市场中保持酒店员工的竞争力，因此在人力资源的培养方面需要具有超前意识，而特色酒店服务最大的特点就是服务个性化，培养意识的超前性可以使特色酒店以个性化服务为亮点的经营长盛不衰，与此同时解决好最常见的两个矛盾：

（1）缩短培训超前性与开发性滞后的时间问题，增加知识的转化率和利用率。

（2）把人力资源开发工作作为持久性工作，加以适当利用以解决开发长期性和利用短期性的矛盾。

5.4.3.4 因果性

特色酒店的生存发展在客户对酒店员工服务的评价上占据很大分量，如果员工之间合作不密切，会导致服务偏离预期；而服务不周到，将必定会导致客人满意度下降，从而酒店将会失去稳定客源；失去客人的酒店就会因为缺乏资金而不能继续进行良好的经营运作；无法正常运作的酒店将切身关乎员工的生存发展。这种因果性的连锁反应，需要得到酒店人力资源管理部门的重视。

5.4.4 特色酒店服务人员招聘

特色酒店能够顺利运营除了需要符合要求的硬件设施之外，还需要能够执行管家服务的工作人员。因此管家的招聘工作显得尤为重要。那么如何招聘符合要求的工作人员？要做到以下几点：

5.4.4.1 建立人才测评体系

（1）树立观念

现代人才测评方法，采用定性与定量相结合的方法，具体方法的操作程序、内容、技术、步骤、条件、规则等是规范化、标准化的，克服了主观随意性。现代人才测评方法，特别注重考查人的综合素质、能力、实际工作经验、职业倾向素质。特色酒店招聘过程中需要确定富有针对性的测评方法。考查人员的职业倾向、素质能力。关键在于是否适合特色酒店的工作，能否适应特色酒店的工作内容和环境。与此同时可以模拟特色酒店日常运营过程，进行情景模拟等对其能力进行综合评估。

（2）建立科学的制度

特色酒店在选用人才的时候，要结合酒店的行业情况以及专业特点，规范必要的考评技术、内容、方法等。通过反复验证，尽可能使考评制度科学有效，能够较好地完成特色酒店的人才招聘活动。由于特色酒店更加强调管家团队的协同配合，因此在建立测评制度时要考虑员工的团队协作能力以及服务意识。可以借助一系列的科学测试来协助招聘工作的顺利进行。像职业性格测试（MBTI）这样的权威测试更是应该成为招聘人员的必修课。一些测试的应用，逐渐地，要形成酒店自己的特色测评系统，一切都是立足未来。只有长远的眼光才能使招聘变得更有效率。

5.4.4.2 做好沟通工作，及时与各招聘部门保持联系

首先特色酒店人力资源制定招聘标准时要将管家式的工作性质写进招聘要求中。其次，特色酒店人力资源在招聘之前要充分做好工作分析，同各用人部门的经理保持良好的沟通，了解各部门工作性质。将做好工作所需的知识、技能、能力和个性等方面的内容进行量化，并加以分析，制定出适合该岗位的最佳的数据，将此数据作为人员筛选的标准规范。同时，在招聘过程中，与用人部门的沟通是最重要的。在面试前应该先沟通好，与直线经理商定录用标准，即录用侧重点，良好沟通可以使招聘人员与用人经理保持良好的合作关系，使招聘工作能顺利进行。

5.4.4.3 引进心理测试技术和情景模拟技术，做好背景调查工作

特色酒店的工作要求员工必须具有更专业的服务技能、更强大的心理素质。只有这样才能承受特色酒店高强度的工作压力，才能更加符合特色酒店的工作需要。因此，在特色酒店招聘过程中引入心理测验将能够对行为样本做客观和标准化的测量，通过心理测试可以推断具备职位所需能力的可能性；心理测试通常包括性格测试、职业兴趣发展测试、动机测试和行为风格测试等；情景模拟能通过应聘者在仿真模拟的应聘岗位工作环境中的行为表现，准确评价其是否具有特色酒店所需的胜任特征，情景模拟技术包括无领导小组讨论、文件作业、角色扮演、案例分析等。

背景调查是指通过从外部求职者提供的证明人或以前工作的单位那里搜集资料，来核实求职者的个人资料的行为，是否能够胜任特色酒店工作，这是一种直接证明求职者情况的有效方法。在特色酒店中，员工的招聘与录用是人力资源管理的一项非常重要的工作。酒店业是劳动力密集型企业，与普通的标准化酒店相比，特色酒店的员工将会承受更大的工作压力和心理压力。依据特色酒店的人力资源计划、酒店未来的经营目标等实际状况，人力资源进行特色酒店员工的招聘和录用工作。制定一套筛选方法和步骤以判断空缺工作的候选人是否具有担任该工作的资格，只有经过严格考核，才能招收到符合特色酒店实际需要的新员工。

5.4.4.4 招聘人员进行专业培训，做好企业招聘指导工作

特色酒店为了提高招聘工作的有效性，应该尽快走出误区，建立科学而系统的人力资源招聘工作流程，对应聘人员应进行全面而科学考评，善于发现人才，做到公平公正，才能招聘到适合企业发展的优秀人才。特色酒店不同于标准化酒店，不仅需要员工具备丰富的经验和娴熟的技能，还需要具有很高的文化素养，能够成为传播酒店文化和优雅生活方式的大使。对一线服务人员有才艺要求似乎已经成为一些特色酒店的标签。比如，上海璞邸精品酒店要求具有国际品牌酒店同等岗位一至两年的工作经验，能够流利地用英语与住客交流；最好能懂一些艺术，甚至具有绘画的技能；还有的酒店要求略有古典音乐或西方流行乐的欣赏能力，或者体育运动技能。因此，在招聘过程中要对员工进行一定的筛选，在招聘工作结束之后还需要对录用的员工进行一定的培训工作，强化其专业技能的同时，提高员工各方面的综合素质，使得员工更加符合特色酒店的工作要求。例如，上海璞邸精品酒店的入职培训一般在4~5天，每天3小时，内容主要包括企业文化、仪容仪表、阳光心态、服务标准等。部门也会安排"跟班培训"，也就是一对一标准服务流程的培训，每个职位都会有工作清单以便于让新进人员了解自己工作的内容和操作流程。

5.4.5 特色酒店服务团队打造

5.4.5.1 特色酒店优秀服务团队的特征

团队是指具有共同价值观和共同目标的一些人为实现这些目标和价值所组成的一个集体。团队中的全体成员明确团队的目标，并自觉自愿地献身于这个目

标，利用共享的资源及智慧来实现这一目标。建立一支优秀的特色酒店服务团队需要具有如下特征：

（1）明确的团队目标

团队中的每个成员都能够描述出团队的共同工作目标，并且自觉地献身于这个目标。成员对团队的目标十分明确，并且目标具有挑战性。这也就是我们所说的树立正确的经营理念。如珠海度假村的"三个满意"的经营理念，即员工满意、客人满意、业主满意，其运行机制是满意的员工—满意的服务—满意的客人—满意的效益。青岛海景花园大酒店则创立了独具特色的"双零动式"管理理念，即"零距离服务与零缺陷管理"，零距离服务就是把客人当作家人，酒店就是客人的家外家，让客人找到一种人性化的超近距离感，充分享受家庭式的温暖；零缺陷管理则是把酒店看成一个系统网络，不断完善这一过程，使管理质量无限接近零缺陷的过程。其他的先进经营理念，如白天鹅的"诚挚、热情、亲切、朴实"；锦江集团的"一流服务、一流管理、一流效益""谦虚、认真、严格、高效"。特色酒店服务管理团队也需要制定团队目标，例如，管家式协同作战团队、优质、一流、个性化等都是特色酒店可以制定的团队目标。

（2）资源和信息的共享

特色酒店主要是以管家式一体化服务为主要服务形式，这更加要求管家团队成员能够共享团队中其他人的智慧；能够共享团队中的各种资源；能够共享团队成员带来的各种信息；团队成员共享团队的工作责任。特色酒店可以通过班组成员的轮换、员工定期的交流经验等，为员工或班组创造相互学习的机会和条件，尽可能地将个人知识转变为企业的知识。同时在工作中注意各种服务信息的收集及传递，让共享的信息发挥作用，以赢得更多的忠实客户的心。

（3）管家式协同作战

团队中每个人都应该具有不同的团队角色，有实干者、协调者、推进者、创新者、信息者、监督者等。

（4）良好的沟通

管家团队成员之间敢于公开并且诚实地表达自己的想法；团队成员之间互相主动沟通，并且尽量了解和接受别人；团队成员积极主动地聆听别人的意见；团队成员的意见和观点能够受到重视。

5.4.5.2 如何打造符合特色酒店要求的服务团队

特色酒店以其独特的经营模式使得打造富有成效的管家团队成为提升酒店软实力的重要途径。特色酒店有其独特的经营理念和别具一格的个性化服务，因此要根据酒店实际情况做出选择，需要依据不同岗位、不同状况，选择不同的培训内容，使人力资源培训能够更加具有针对性，并且能落到实处。

（1）依据员工现有能力育人

对酒店员工的培训工作需要做到有针对性，针对不同类型的人才进行合理分类和分析，依据不同的类型有针对性地开展员工培训工作。依据个人态度、能力测试、培训成本等多种指标来测定员工现有的能力与酒店既定目标的差距。根据不同差距大小来安排随后的培训工作。

第一，培训方式自主化。酒店可以根据自身状况做出合理的选择。依据不同的员工、员工的不同状况，选择更有针对性的培训方式。酒店可以选择以自主培训为主，这样有利于通过培训实现既定目标，并且可以在培训过程中发现现阶段员工存在的问题，找出差距，进行弥补。

第二，培训内容专业化。针对不同的岗位制订针对性的培训计划。不能贪大求全，培养酒店专门人才而不是通才。特定岗位的专业人才往往会创造出更大的价值。

第三，依据能力提升效果对培训工作进行评价。

（2）用好每位员工，打造合格管家团队

①注重人才与实际岗位的匹配

不同的人都有自己的擅长区域，同时也应注意其相应岗位团队的结构特点，才不会造成人才因"鹤立鸡群"而带来的不合群。

②实现动态换岗工作

有些岗位不仅仅需要本岗位的知识，更需要了解其他岗位的运作才能为客人提供一条龙服务，否则可能出现各个部门推脱责任导致客人不满。实行动态换岗，不但能使员工更加了解酒店运作，并且有助于培养酒店全能型人才。

③设立富有挑战性的工作目标

明确工作目标，只有合理并富有一定挑战性的工作目标才能激发员工内在的工作积极性。但是如果设立的工作目标过高，让员工很难完成，则很容易使员工失去自信，工作积极性也会降低；如果设立的工作目标太低，让员工很容易完成，这样则会造成员工对工作的懈怠。因此设立合理的、富有挑战性的工作目标不仅可以使酒店既定目标顺利完成，也会让员工的工作能力不断提升。

④加强工作考核评价

制定合理的员工工作考核制度，考核前公布量化的考核标准，让员工了解。将考核结果与职位、工资、福利等挂钩，将使得酒店员工素质得到不断提升。

（3）留住合适人才，不断充实管家团队

正确使用人才可以让人才得到更好发挥。能够留住人才才能使人才更好地为酒店服务，从而创造出更多的经济效益。因此，留住人才才是人力资源的工作重点之一。

①为员工创造良好的发展空间

人力资源管理最终的目的还是要回归到人本管理，因此需要考虑内部员工自身的发展与酒店未来发展目标是否能够保持一致。所以员工在为酒店发展做出自身贡献的同时需要保证自己能力业务水平的发展与其相一致，要将酒店的目标与员工的职业生涯发展目标有机结合起来。酒店还要关注员工的职业发展计划，为员工发展提供良好平台，促使其职业生涯计划的实现。

②情感留人

情感的投资是具有潜移默化的效果的。所以酒店对员工要有真心，要让员工感觉到良好的工作氛围，让优秀人才对整个环境产生依恋，增强内部的凝聚力。

③优厚的薪酬、福利待遇

在大多数情况下优厚的薪酬和福利待遇都是酒店留住人才的重要手段之一。怎样制定合理的薪酬制度是酒店需要考虑的最重要的问题之一。同时酒店也需要配合一定的激励方式，才能更好留住人才、激发员工的积极性。

5.4.6 特色酒店服务工作质量考评

5.4.6.1 确定考评目标

要制定考评的目标，首先需要界定特色酒店的远景和长期发展战略目标，然后据此确定特色酒店的短期经营目标、部门目标和个人目标，并通过频繁的反馈确保个人、部门目标与酒店整体战略目标保持一致，以此引导人们在工作中最大限度地向组织所期望的行为和结果去努力。在特色酒店中可以用来当作考评目标的有：房间入住率、宾客对酒店管家式服务的满意度以及宾客对酒店管家的满意度等。

5.4.6.2 考评指标的确定

对特色酒店管家式服务质量进行考评的过程中，需要人力资源部确定一些考评指标，同时这些指标需要有可度量性、可确定性，方便考评结果的量化。同时还要依据特色酒店不同的设岗情况分别对管家、各部门服务人员设计不同的考核制度，方便人力资源的考评工作顺利进行。例如，在对服务管家进行考评的时候就可以依据客户满意度、内部流程的学习情况以及个人成长等三个方面进行。

5.4.6.3 评价指标的量化

在考评过程中最重要的就是如何对考评结果进行量化。以特色酒店中对服务管家的工作质量考评为依据。首先，可以向住店宾客发放问卷，对管家的服务水准进行打分；其次，内部流程的学习情况考核可以依据特色酒店内部测试以及情景模拟实际操作考核对每个员工的考核状况进行打分；最后，对于个人成长的考核，特色酒店的人力资源部门可以设立专门人员对每个员工进行职业愿景、个人发展期望等方面的测评。通过三方面的综合考评，得出参评人员综合测评结果。

5.4.6.4 得出考评结论，并反馈

在得出考评结果之后，还需要对结果进行反馈。结果需要向参评个人进行反馈，也需要向其所属部门进行反馈。对个人反馈有利于每个人树立改进意识，明白自身的不足，提高服务质量。对部门进行反馈，有利于各部门针对每个员工做出更加有针对性的培训工作，有利于提高部门整体的工作水平。

特色酒店人力资源管理是实现其发展目标的重要保证，它具有全局性、风险性、竞争性等特点。特色酒店人力资源战略规划包括了酒店总体规划以及业务规划两方面内容。人力资源的管理必须遵循一定的原则，才能够保证人力资源管理起到积极作用。随着行业竞争的不断加剧，人力资源部门应顺应时代的发展，以人为本，坚持更加人性化的管理原则。

5.5 特色酒店员工素质管理

5.5.1 酒店员工素质概况

5.5.1.1 酒店员工素质内含

酒店员工职业素质，包括酒店专业知识及技能、职业道德、意识、心态以及沟通能力等众多因素。它是指从业人员完成工作所应具备的综合素质。我们一般将酒店员工的职业素质结构为达到酒店职业要求而具备的职业品质（意识层面）、胜任职业的技能（职业能力）、应履行的职业行为和习惯等三个层面。

（1）酒店员工的职业品质

酒店工作有着其特殊性：服务对象的涉外性、与客人的高接触性、工作的规范性与灵活性、服务的琐碎性与细致性、工作时间的不确定性、工作强度的波动性等。基于行业特征和企业要求，从业者必须具有良好的德行和修养。首先，要具备热情真诚、宽容大度、坚忍耐劳、乐观自信、自重自律、勤奋积极、沉着冷静的品格；其次，心态要阳光积极，优秀的酒店职业人一般应具有敬业精神、协作意识、责任意识、服从意识、服务意识、主动意识、规范意识等职业意识和精神。

（2）酒店员工的职业能力

通过调查分析，酒店从业者多为对客服务人员，他们都需要拥有的通用能力如下：一是，较强的认识能力，要善于观察和分析顾客需求，能做出正确的判断；二是，较好的语言表达能力，能用简洁准确的语言表达意向，能进行基本的英语口语对话，善于与客人沟通；三是，优秀的自控能力，能抑制自己的情绪和行为；四是，强而有力的执行能力，能够服从指挥，并与团队协作；五是，良好的记忆力，能快速、持久地记住客人以及客人的需求和指令；六是，一定的应变能力，在问题面前沉着果断，处理问题既有原则性，也兼顾灵活性，能妥善处理好顾客的投诉；七是，出众的学习能力，具有较强的学习欲望和主动学习意识。

（3）酒店员工的职业行为和习惯

职业行为是人们在工作中的具体表现，这种表现久而久之就会形成职业习惯，良好的职业习惯是保证工作质量的前提。根据酒店服务工作的需要，从业者在酒店工作中需主动养成的职业习惯有：时常微笑的习惯，时刻给予客人亲切感；礼让的习惯，凡事以客为先、以客为尊；讲究卫生的习惯，注重个人卫生、服务用具和环境卫生；轻言轻语、动作轻盈的习惯，打造良好的礼仪形象；主动、及时沟通的习惯，努力了解客人需求，为客人答疑解惑，消除不必要的误解；勇于负责和承认错误的习惯，不给客人推卸责任的印象；守时的习惯，工作时不迟到，按照客人约定的时间去服务；多聆听别人，不轻易打断的习惯，给予客人倾诉、发泄的时间；做事积极主动，不拖沓的习惯，高效率地完成服务工作。

5.5.1.2 酒店员工职业素质问题的典型表现

由于酒店企业的高速发展和酒店人才培养的错位，我国酒店企业员工的职业素质也存在一些不足，主要表现为工作态度不端正、职业心态不好、职业意识不强、职业技能专业度不够等问题。

（1）工作态度不端正，工作热情不高

通过对实习学生及企业人员的调查，了解到酒店从业员工的职业态度问题比较突出。一些员工没有工作热情，工作懒散且怠慢，而尽职尽责、全心全意、善始善终地为部门和顾客着想的员工却不多见。

（2）缺乏良好的职业心态，出现消极行为

受传统观念的影响，在很多时候服务工作被认为是较为低等的工作，因此从事酒店服务行业的工作人员常常不被大家认可。由于这种负面社会暗示，会对很多服务人员心理产生影响，产生员工在工作中不够主动，不愿主动与客人沟通；除此之外还有某些员工开始质疑自己工作的价值和意义，对未来忧心忡忡；许多一线服务人员每天不但要承受较大工作量，同时还可能遭受少数客人的刁难甚至是人格侮辱；有的员工觉得这家酒店不是自己理想的工作处所，对工资待遇不满，对餐厅的同事、领导不认同，认为暂时在这里工作只是迫于无奈，因而在工作中缺少热情，甚至敷衍了事。因此，很多时候面对挫折，某些服务人员可能会心存不满，从而导致一些不理智的发泄行为以此舒缓心中的不满和压力；还有的服务人员会因为"怒而难言"而产生退缩的行为，导致性格自卑抑郁、怀疑敏感。所以说不好的职业心态将会影响酒店工作的效率和进程，直接影响服务水平和质量以及顾客满意度。

（3）团队意识不强，缺少协作和沟通

酒店企业部门之间业务衔接多，有些时候班组内部完成工作任务也要协同作业，于是经常需要相互补位。但是在实际工作中，往往存在着成员责任不明、缺乏信任、氛围不良、沟通不足、协作不畅、成员不稳定等问题。比如，有的酒店餐饮部服务台电话铃声响却没人接听，有的服务人员认为接听电话是迎宾员的事，而不是他的事。再如，有一家酒店要求餐饮服务时每两个服务员管一个区，他们应该互相配合，共同为客人服务，但是实际工作时，有时此区域一个服务人员也没有，客人需要服务却无人响应，有时也会出现两个服务人员同时为一桌客人服务，而忽视和怠慢其他客人的状况。酒店中有很多的工作失误和顾客投诉是由于缺乏协作和沟通造成的，有的工作，虽然只是自己部门内的事情，但却会影响到其他单位的工作进展，这就需要及时通报，让相关部门有所准备。例如，工程部要维修水管；由于洗衣房人员休假，桌布餐巾一时洗不出那么多；旅游团要提前离开饭店都应向其他单位通报情况。在酒店工作中，还有一个现象就是一些部门或班组不能体谅对方的困难，只站在自身立场，对其他部门不予以协助，结果造成工作失误，最后却是相互埋怨和推责。

（4）服务技能不高，专业性不强

由于行业的门槛低、成长周期长、一线工作薪酬吸引力不够，形成了酒店员工高经验、低学历的格局，"铁打的酒店流水的实习生"，优秀的酒店管理专业毕业生留存率低，行业停留时间短，导致酒店员工的基本服务技能尚可，但是高超的职业技能远不能达到。比如，在餐饮服务中，服务员一般都能熟练地做好自助餐服务，而对于西餐服务，很多员工的专业知识比较欠缺，他们不了解点单、出菜程序、上菜步骤，以及红酒服务、撤盘服务等流程和规范，遇到外宾点餐，只能勉强应付，容易出现工作失误。

5.5.1.3 酒店员工职业素质问题的原因分析

（1）人才选用重视显性素质，忽视隐性素质

相关调查表明：限制员工能力发挥的原因主要是职业素养问题。根据冰山理论，如果我们把一个员工的全部才能看作是一座冰山，浮在水面上的是他所拥有的资质、知识、行为和技能，这些为显性素质；而潜在水面之下的，包括职业道德、职业精神，我们称之为隐性素质。酒店企业在选用人才时，一般比较看重工作经验、操作技能、学历证书和职业证书等显性素质，而对于职业道德、职业意识和职业态度等隐性素质少有考查，或缺乏科学的考察工具和方式。

（2）培训存在误区，导致员工素质未能全面提升

一些酒店企业未能将员工培训置于战略地位，不重视提升员工素质。一些酒店企业只重视技能培训，不重视员工的思想、意识、心态等方面的培训。员工的职业技能是显性的，相对来说比较容易改变和发展，培训起来也易见成效，但很难从根本上解决员工的综合素质问题；一些酒店企业只重视管理人员培训，不重视一线员工培训，认为一线员工流动大，只需要掌握基本技能即可，培训好了就是为他人作嫁衣；一些酒店企业只做岗前培训，少有在职培训，且未能建立员工持续学习的培训体系。另外，就是一些酒店企业员工缺少学习环境，没有学习的空间和氛围，酒店企业对培训活动也缺少组织和管理。一些酒店在淡季会安排服务技能培训、专业知识培训、服务英语培训等工作，但往往组织不严谨，培训形式单一，内容枯燥乏味，缺少吸引力；另外培训结束后也没有相应的考评机制，这样做不能知晓培训效果，难以体现培训作用。

（3）缺乏激励与科学管理，员工缺少提升职业素质的意愿

酒店企业一般都有较为系统的规制，并不断修订完善，其规章制度不可谓不细不严，但是一些酒店企业往往是说在口上、写在纸上、挂在墙上，能够落实的却比较少。管理制度的不严、不落实，使员工感觉不到压力，就会我行我素，不注重工作质量，久而久之就产生了不良的职业行为，形成了职业恶习。另外，不够完善的激励机制、流于形式的员工绩效考核，影响了员工积极性，使员工不愿努力提升自己。

（4）职业素质养成教育体系缺失，人才培养的综合素质存有硬伤

职业素质养成教育，是指教育者通过有目的、有计划、有组织的教育训练活动，使受教育者的职业行为规范化的教育过程。而当前的高校在人才培养方面存在着目标不明确，教育体系不健全；形式有余、实效不足，活动多流于口号化；重视知识传授，轻视职业心态、职业意识和职业习惯的培养；学习环境中缺少真实的职业情境，职业氛围不浓；职业素质教育前紧后松，且缺乏学校与社会的有效衔接，导致学生走出校园后不能快速地适应和融入企业。另外很多高校缺乏对学生职业发展规划的指导，即使有学校开设有此类课程，但多以讲座形式进行，缺乏跟进指导及提高酒店员工职业素质的对策。

5.5.2 特色酒店员工素质培训管理

5.5.2.1 对酒店的意义

（1）提升市场竞争力

特色酒店竞争的核心是人才的竞争，而现有的人力资源面临着更新速度日益加快的知识，如果不按时为员工进行培训，将难逃被市场淘汰的命运。

（2）提高酒店凝聚力

根据调查显示，酒店业是所有行业跳槽意愿最为强烈的，除了因为工作量过度和报酬低的原因，最重要的原因是员工感觉缺乏所需的教育。因为充足的岗位知识能增加员工工作舒适感和满意度，进而工作表现提升，而这些因素将影响着员工的去留。

（3）提高劳动效率和服务质量

通过培训提高劳动效率，减少客人等待时间才会让宾客满意；服务质量的提升是各种因素综合的影响，因此对工作方法的培训是不可或缺的。

5.5.2.2 对员工的意义

（1）提高员工素质和自信

通过培训，员工学会的不仅仅是知识和技能，还能学会与客人正确相处的方式，提高了员工素质也提升了服务质量，让客人满意能提高员工的自信心。

（2）提升员工职业发展机会

员工经过培训后，不但能胜任本职工作，还可以拓展员工的知识面，为将来他们在职业生涯上承担更大的责任并实现自己的职业理想打下基础。

5.5.2.3 特色酒店培训特点

（1）针对性

每个岗位员工所需要的知识不一样，而特色酒店同样不能忽视这一核心问题，因为特色酒店不单是培训员工基本的技能操作，还会更加注重特色酒店本身主题化的特色培训。

（2）多样性

多样性中还包含多层次、多形式和多渠道。通过多层次，每个不同级别的员工都能学到更有针对性的内容；通过多形式，培训变得更加具有上手性和可操作性；通过多渠道，获取知识的来源变得更丰富，不会因为知识单一而与社会需求脱节。

（3）持续性

酒店的外部市场是动态的，而在实际的服务过程中还会发生培训没有预知到的情况，因此特色酒店只有通过持续性的培训才能保持自己独有的服务质量，满足客户的需求和社会的进步。

酒店员工培训如期待从源头上收到实效，其传授的内容不应只是岗位表象需求的一般实务性操作技能，而应深化到人员内在素质的培训。闻名于世的美国丽兹·卡尔顿饭店管理公司提倡"淑女、绅士式的服务"，若服务者自身不具备内外兼修的素养、气质、技能，是不可能将貌似平常的服务工作做到如此优雅的境界的。海尔总裁张瑞敏常说的一句话是："什么是不简单？把简单的事情天天做好就是不简单。什么叫不容易？把看似容易的事认真做好就是不容易。"作为员工只有思想素质、业务素质兼备，才能发自内心地娴熟运用技能为顾客做好服务工作。

因而酒店员工的培训内容应是从实务技能传授到内在素质的熏陶，从思想品德教育到业务素养的提升等全方位的。具体来说员工思想素质的教育，即职业道德教育就是从业责任心的培养，内容包括爱岗敬业、诚实守信、遵纪守法、团队协作等方面；业务素质培训则归结到执行力的提升，内容涉及仪容仪表、礼节礼仪、形体、语言等训练，其中的形体训练包含仪态、站姿、坐姿、走姿等，语言培训包含普通话、英语水平测试等级考试的训练。目前在服务业流行的"服务人员五项修炼"培训教程，把技能培训和业务素质进行了过渡性的衔接，主要把服务人员应具有的素质浓缩成了看、听、说、笑、动五项基本功。对于酒店的员工，尤其是酒店的一线员工工作的最大特点是与人打交道，有效的沟通以及营销心理或者服务心理学的学习都是应该跟进的内容，这样不仅能使员工的职业素养有所提升，同时可以使员工感到工作存在的挑战性，提高员工的期望值和积极性。

培训的关键是要把握培训过程的循序渐进和贯穿始终地运用激励措施，在培训方法上可以进行多样性的尝试。理性化的员工培训要遵循严格的流程制度，切忌虎头蛇尾、断章取义。要使各阶段的培训可以有效实施。在实施过程中，应把小组的学习情况与绩效挂钩，这样可以提高学员对课程的重视程度，提高学习效率。

美国经济学家曼昆在他所著的《经济学原理》一书中指出"人们会对激励做出反应"，他将这列为十大经济学原理之一。英国古典经济学家亚当·斯密的经济人假设的理论，也建立在承认人的本性是利己的基础上，即认为人的行为目标通常是个人利益的最大化。

酒店进行培训的最理想的目标是，通过激励机制不仅提升了员工自身的能力及认同感，同时，提高员工的积极性，使员工的个人目标同企业的目标相结合，最大限度地为了实现个人和企业目标而努力，充分调动员工的积极性。目前，商界最流行的一句话是：21世纪的竞争是人才的竞争，谁拥有优秀的人才，谁将赢得最终的胜利。在中国很多产品是可以复制的，对于我国酒店业而言，整体发展相对成熟，经济型酒店比比皆是，在这么一个全民"复制"的时代，谁能有自己的特色，谁就能出奇制胜。对于装修建筑等硬性指标是可以加以复制的，但是，人才、每个员工自己的想法、素养、服务等是一个酒店文化的体现，是不可复制的。因此，谁的员工素养制胜，谁就赢得了这场市场博弈战的胜利。一个酒店核心人才队伍的壮大，能够提升酒店的核心竞争力，是酒店制胜的法宝，也是企业对人力资源培训投入的最大产出。

当然，由于酒店业的特殊性决定了绝大多数员工不会终身从事这一行业，保持一定的人员流动是正常现象，同时，这也为酒店业输入了新鲜血液，带来了新的活力。企业经营者应正视这一现实，尽量保证员工职业的黄金发展期在本企业，保证酒店的培训没有做无用功。与此同时，酒店经营者应保持一颗宽容的心，为社会输送高素质人才，树立良好的企业形象。总之，酒店业的员工素质培训和其他行业一样，都是功在当代、利在千秋的明智之举。

5.6 特色酒店文化与创新管理

文化是一个酒店的灵魂之所在，能够体现一个酒店的价值观、酒店精神以及酒店的经营哲学等。美国管理学家劳伦斯·米勒在《美国企业精神》一书中说："未来将是全球竞争的时代，这种时代能成功的公司，将是采用新企业文化的公司。"文化在酒店的竞争力中有着至关重要的作用。现今发展较为成功的酒店无一不是蕴藏着身后的文化底蕴。

酒店的经营理念和文化思想都凝聚在酒店品牌文化中，是酒店文化对外发展的窗口。一个酒店的成功必须首先树立为大众所认同的酒店品牌文化，要是酒店员工都遵守品牌信念和行为，以此带来大众对品牌文化的认同，并且应百分之百地达成对顾客的承诺，从而构建一个相对成功的酒店集团。

酒店所面向的客户是经常进行差旅旅行或者旅行经验丰富的高端客户，这一类客户眼光独到，见多识广，寻求较为新颖的主题或者文化。这就使酒店的文化内涵成了整个企业竞争力的核心。

推陈出新是历史发展的必然现象。世界上所有事物的发展都是在原有基础上的改革创新，只有用新事物去取代旧事物社会才会进步，人才才会发展。对于酒店业也是同样的，只有不断地接受新的管理思想、新的管理思路，才能让行业发展，酒店才能体现自身的独特性，立于行业发展的前列。当今酒店行业需要建立一个完善的创新管理机制，突出创新管理的可能性与必要性，这就迫切需要打破传统管理观念，解放酒店管理者的思想，冲破体制的牢笼，重新定义酒店的发展，审时度势，用发展的眼光看待创新管理。

美国福特公司总裁亨利·福特说过"不创新，就灭亡"。随着全球化进程的加剧，国内酒店业的竞争日益激烈，企业要想立于不败之地，就必须以创新为动力、发展为目的，不断地寻求管理上的创新，这样才能有效地延长酒店的生命周期。同时，酒店应该针对不同生命周期的特征，制定不同的企业战略，只有这样才能赢得客源，立于不败之地。酒店应该把自身产品设计得更加高科技，结合最新的技术，这样不仅可以体现酒店自身特色，也可以提高竞争者的模仿成本，在一定范围内提升酒店的盈利空间。

企业创新是一个持续性的过程，而不是一次性行为，企业应该建立一个完善的创新机制，鼓励企业员工创新，企业领导人创新，使企业创新成为一个长期、持续的过程。持续的企业产品创新，持续推出新的产品，可以不断吸引客户，使客户群增长。在任何具有竞争性的行业中不进步就是在退步，在酒店业中也不例外。酒店应该建设自己的品牌，以品牌促销售，增强自身的核心竞争力，企业应该更多地在细节上下功夫，产品应该小而精，为顾客提供极尽细致的体验，以精取胜，突出自身的品位。相对大规模的精品酒店一般通过连锁方式占领市场。对于精品特色酒店来说，最关键的还是要在"精"字上入手，特色酒店所具有的独特设计、丰富的文化底蕴、独具特色的服务设施、营造的个性化住宿体验等，都应该是在新的行业发展背景下遵循发展创新的原则。

管理创新是指创造一种新型的、有更高效率的资源整合的范式，它既可以是有效整合资源以达到组织目标的全过程管理，也可以是某个具体方面的细节管理。

这里所说的特色酒店管理制度的创新包括了方方面面，比如管理制度的创新、销售创新、产品创新以及人力资源的创新等。特色酒店发展的核心问题就是创新，而如何进行管理创新是每个酒店管理者应该思考的最基本问题。

通过查找资料发现，酒店的主题化包括在了酒店的方方面面，当酒店的主题确定之后，围绕这个主题应该构建出一个完善的经营管理体系，所有的经营活动都应该围绕特色酒店的主题进行。从酒店的建设风格和氛围营造，从酒店的外观设计到室内软装修都应该体现一个酒店的主题；另一方面，酒店的服务理念、产品设计以及员工的服装等软装修都应该体现酒店主题内涵。当然，在这些设计和装修中，创新起到了不可或缺的作用。

郭雅婷、余炳炎（2005）认为设计风格、装饰艺术、文化品位、经营理念和服务方式都围绕同一主题展开。他们的创新点是提出经营理念也需要主题化。简而言之是将酒店的主题文化与管理文化相结合。如四川成都鹤翔山庄，它是一家以道家文化为主题的酒店，酒店的管理哲学是"以人为本，以德为魂，以法为准，以庄为家"。"以人为本，以德为魂"的理念与道家的修身养性、恬淡质朴的思想是一致的。

以一些高科技主题酒店为例，高科技在主题酒店中的应用日益广泛，虽然高科技不是一个酒店成功的必然要素，但却发挥着越来越重要的作用，很多主题效果没有高科技是不能完全体现的。

企业要想保持持久的竞争优势其核心是具有创新能力。特色酒店卓越的创新，主要来自对其拥有的独特主题文化资源、品牌资源、组织资源以及人力资源的整合配置。特色酒店运用这些独特的资源，并在企业价值链中对这些资源加以合理的配置整合，从而产生了特色酒店的创新能力。主要表现在产品创新、服务创新和组织创新。

5.6.1 产品创新

一个酒店最主要的创新是产品创新。一是将酒店的餐饮产品赋予酒店文化内涵。如四川都江堰鹤翔山庄依托道家文化，顺应当下最流行的绿色养生潮流，经过精心的设计，使其餐饮产品成为整个山庄的亮点。二是依托酒店主题文化，联合相关企业，开发相关产品，形成一个产业链条。如鹤翔山庄同四川省茶文化协会合作，成功研制出了失传千年的道家名茶——青城道茶。这使山庄的道家文化更加浓厚，更加受到大众的追捧；与此同时山庄还与相关的太极养生专家共同建立了鹤翔太极养生基地。依托道家文化，运用传统艺术，建立古文化深厚的综合养生基地。鹤翔山庄在原有主题文化的基础上，结合新的企业和思路，不断地开拓创新，使其产品产生了深远的影响。又例如雅典的卫城酒店，整个以雅典卫城为主题，酒店内部到处可见雅典卫城的照片、绘画、模型、雕塑、纪念品，开窗就可以看到雅典卫城。在雅典卫城酒店，宾客可在餐厅享用到传统的卢尔德美食。

5.6.2 服务创新

特色酒店的服务创新在文化体现和表达方面同非文化酒店有着显著的不同。如：成都的西藏酒店，采用藏族原生态的歌唱服务进行迎宾，这在全国也是比较创新的应用形式，是对传统迎宾形式的颠覆。客人一进酒店，门口的迎宾人员就会为其献上哈达，并且引导他们去前台办理入住，并在此过程中为顾客解说、介绍酒店的基本情况。很多酒店已经成了文化传播的载体，很多人对酒店所传播的文化，或者酒店中的文化符号不是很了解，这时候就需要在酒店中配备专门的解说员。酒店的服务人员就是主题酒店形象。酒店的迎宾人员要对酒店的文化有所了解，在顾客对酒店文化进行咨询时，迎宾人员可以从容进行解说，从酒店人员的服饰等就可以体现出酒店的主题。如：京川宾馆的服饰是长袍水袖，体现出1000多年前女性的美。西藏饭店的迎宾小姐以一身绚丽多彩的藏族裙装迎宾，一方面很好地抓住了客户的眼球；另一方面更好地体现了酒店的文化特色。

5.6.3 组织创新

特色酒店的价值链同传统的酒店存在着较为明显的区别，在组织构架方面也有所不同，特色酒店的组织构建主要包括：艺术部、文化部、文化专员以及与酒店文化有关的文化研究中心等。这是同标准化酒店在组织构建方面最显著的不同，但是特色酒店需要设置这样的机构，因为特色酒店的传播核心是文化，对于文化的研究，对于相关文化岗位的设置是必不可少的。例如在鹤翔山庄，艺术总监是介于副总经理和部门经理之间的职位，是作为一个独立的职位和部门出现的，这就充分保障了文化研究所需要的投入和独立性，以及专业性。最先出现文化专员岗位的企业是京川宾馆，后来在鹤翔山庄也出现了文化专员，其主要工作是主题文化的研究、相关文化产品的开发、文化创新、酒店整体主题的策划及规划、酒店相关文化的培训及市场推广等。

5.6.4 主题定位创新

传统连锁酒店、千篇一律的酒店已经让消费者产生了审美疲劳。现在的客户更加追求个性化的体验，为满足客户个性化需求就必须在主题文化定位上进行创新。通过独特个性化的服务和独特的文化内涵来吸引顾客，在酒店的餐饮、服装、室内设计等方面都融入个性化元素，让顾客有新奇的不一样的体验。精品酒店在主题塑造方面可以从童话、神话、历史故事、本地特色文化、人文自然景观等方面入手。主题确定之后，酒店应该在经营理念和装修等方面处处体现酒店的主题，使酒店与众不同。精品酒店在设计时需准确把握主题的本质内涵，找准主题定位，以个性化服务为核心，以特色服务管理为基础，追求高品位的住宿体验。比如韩国济州岛大长今系列主题酒店，再比如日本就有很多经济型酒店通过加入动漫形象，如圣斗士、Hello Kitty等动漫形象的主题旅馆。

5.6.5 小结

我国服务行业的发展自改革开放以来非常迅猛，在我国经济发展中也占有越来越重要的地位，取得了喜人的发展成果。然而，我们也不得不看到我国服务行业中企业文化创新建设已经跟不上服务业发展的速度，企业文化创新的缺失也为服务业的管理和发展带来了一系列的问题。因此，需要在总结经验的基础上，探寻企业文化创新建设上的突破。此外我们还需要注重树立酒店的良好形象，虽然过程可能很困难，但对酒店的发展有着非常重要的影响。尤其是在市场竞争日益激烈的环境下，信息的传播畅通迅速，对酒店形象的传播起到了很大的作用。因此，需要各方面的协调配合共同努力，为消费者提供最优质的服务产品，建立口碑效应，在市场上树立良好的形象。

第六章 特色酒店划分与评定

因历史演变的缘故，世界各国对宾馆酒店持有不同的分类方法，目前被大家广为接受且分类较全面的是英国旅游学家迈德利克教授所做的分类。他指出酒店按照所处地区分类可以分为城镇型、城市型、沿海型等；按照宾馆酒店设计与服务方式分类可分为旅游型、公寓型、自我餐饮服务型等；按照酒店设计装修的等级分类可以分为不同的星级、皇冠级以及其他不同表示方法的宾馆酒店。本章要介绍的就是将酒店按等级划分的分类方法，它是基于不同消费层次的需要而产生的。

6.1 国内外特色酒店划分与评定

6.1.1 特色酒店等级划分依据

国际上常按酒店的环境规模、建筑、设备、设施、装修、管理、服务项目、质量等具体条件划分等级。如美国及加拿大采用钻石评价制，而日本则使用A、B、C划分等级。中国使用的是当前国际上流行的划分方法——星级制，这种划分方式在欧洲尤为普遍。星级越高表明酒店档次和级别越高。很多国家把五星级（包括白金五星级）作为最高级别，并且给予漂亮的标识，如英国用玫瑰作为标识。然而不论划分为几等几级都是一个综合的标准，不能单拿几项或者若干项去做判定。

6.1.2 等级划分的主要内容

6.1.2.1 舒适程度

舒适程度综合反映酒店的室内外环境。包括的方面很多，最重要的是所处的地段环境和园林情况。如四星级和五星级的豪华酒店往往选择最佳的室外景观、优美的园林、宽敞的车道和车场、方便使用的室外空间，透过窗户可以饱览四周的景物，有供客人憩息的庭园、进行交流的场所。

6.1.2.2 客户投资

20世纪70年代五星级酒店流行每间（约40平方米）的投资在2.0万~5.5万美元之间。到了80年代，每间客户的投资达到10万美元以上。进入21世纪，随着科技进步，消费水平的提高，这个投资还在水涨船高。目前，五星级标准的每间客房的装修投资在10万元人民币的水平上（不包括设施和公共部分装修）。

6.1.2.3 客房面积

客房面积是客房舒适程度的重要条件。在推行等级制的国家中，都在有关规定中阐明了套间、豪华套间以及卫生间面积的详细要求。总之，酒店等级对规模要求不是很苛刻，但对于环境、投资、房间面积和设施的要求却十分严格。

中国酒店的等级由国家旅游局下设的国家旅游星级饭店评定委员会，根据2010年颁布的《旅游饭店星级的划分与评定》（GB/T 14308—2010）评定，通行的旅游饭店的等级共分五等，即一星、二星、三星、四星、五星。

（1）一星饭店。设备简单，具备食、宿两个最基本功能，能满足客人最简单的旅行需要，提供基本的服务。

（2）二星饭店。设备一般，除具备客房、餐厅等基本设备外，还有商品部、邮电、理发等综合服务设施，服务质量较好，收费低廉，经济实惠。

（3）三星饭店。设备齐全，不仅提供食宿，还有会议室、游艺厅、酒吧间、咖啡厅、美容室等综合服务设施。每间客房面积约20平方米，家具齐全，并有电冰箱、彩色电视机等。服务质量较好，收费标准较高。能满足中产以上旅游者的需要。

（4）四星饭店。设备豪华，综合服务设施完善，服务项目多，服务质量优良，讲究室内环境艺术，提供优质服务。这种饭店国际上通常称为一流水平的饭店，收费一般很高。

（5）五星饭店。这是旅游饭店的最高等级。设备十分豪华，设施更加完善，除了房间设施豪华外，服务设施齐全。各种各样的餐厅，较大规模的宴会厅、会议厅、综合服务比较齐全。是社交、会议、娱乐、购物、消遣、保健等活动中心。环境优美，服务质量要求很高，是一个亲切快意的小社会。收费标准很高。

6.2 特色酒店划分原则

6.2.1 规范性原则

规范性原则分为两个方面，

一是指酒店的建筑、附属设施设备、服务项目和运行管理应符合国家现行的安全、劳动合同等有关法律、法规和标准的规定与要求。

二是指酒店的数量、位置、结构、面积、功能、材质、设计装饰等应逐项达到要求的规范标准。

6.2.2 创新性原则

酒店等级划分的创新性原则应从两个方面来检验：

一方面，酒店的设计是否做到绿色设计、清洁生产、节能减排、绿色消费的理念；

另一方面是检验酒店对突发事件应急处置的能力，突发事件处置的应急预案作为各星级酒店的必备条件，如在酒店的运营中发生重大安全责任事故，所属的星级将立即被取消，相应的星级标识也不能继续使用。

6.2.3 统一性原则

统一性原则是指评定酒店的星级时不应因为某一区域所有权或经营权的分离，或因为建筑物的分隔而区别对待，酒店内所有区域应达到同一星级的质量标准和管理要求。

6.3 特色酒店的划分与评定细则

虽然现在世界各地特色酒店的发展非常迅速，甚至有很多传统的酒店管理集团也涌入了特色酒店市场：如STARWOOD酒店集团推出了W品牌特色酒店，Hilton酒店在伦敦推出了它的第一个特色酒店Trafalgar-Hilton，IHG集团推出Indigo品牌设计的特色酒店等。但由于特色酒店本身都以个性化、差异化、小众化区别于其他酒店，所以各国在特色酒店的划分和评定上还没有一个统一的标准。传统酒店星级评定标准是为规范酒店硬件设施而订立，但如今，随着时代的发展，它的部分规定已不再适用于各类特色酒店，因此需要对其中部分项目进行重新思考。本书根据前人的研究加上新思路将特色酒店的评定标准^①分为两大类。第一类是必备条件：规定了特色酒店应具备的硬件设施和服务项目。评定时，逐项检查，确认全部达标后，才能进入后续打分程序。第二类是酒店风格和文化主题评分，也是评分主体和重点。第二类主要包括五部分：文化主题、外观特色、产品特色、服务特色、基础支撑。

6.4 特色酒店评定细则

6.4.1 文化主题

文化主题是以某一特定的主题，来体现酒店的建筑风格和装饰艺术，以及特定的文化氛围，让顾客获得富有个性的文化感受。它从自己的主题入手把服务项目融入主题中去，以个性化的服务代替刻板的模式，体现出对客人的信任与尊重。历史、文化、城市、自然等都可以成为酒店借以发挥的主题。

6.4.1.1 文化主题评分细则（满分40分）

评分项	分值	评分标准
独特性	9分	所选主题有其独特之处
代表性	9分	对所选主题的吸收情况，即酒店的设计能否成为所选主题的代表
表述性	6分	能通过装修、服务等其他方面对主题文化阐述
内涵健康	6分	所选主题能被当前社会价值观接受
吻合度	5分	主题内涵与原文化一致
融合度	5分	所选主题能被所在地文化接受

---

① 来源：百度百科 http://baike.so.com/doc/3811527–4002895.html.2016–5–11 评分表见附录。

6.4.1.2 文化主题案例

（1）独特性

杭州安缦法云酒店

酒店不仅保持了杭州原始村落的木头及砖瓦结构，连所有服务员的制服都使用了与村落极为合拍的土黄色。

吕米（Lumiere）别墅

别墅坐落于夏蒙尼（Chamonix）山谷一片专用的中心区域，采用传统的阿尔卑斯风格设计建造，独特的风格设计和特殊的地理位置，使这里变成一个真正的冬季仙境。

（2）代表性

柏联和顺

酒店位于中国第一名镇和顺古镇，提供亚洲第一的露天温泉水疗环境，拥有世界一流的中医经络检测设备及疗法。

Explora Patagonia

酒店坐落在地球上最美丽的地方之一——闻名遐迩的百内高原岩角下的美丽湖畔，旅馆共有49间客房，入住率高。

（3）表述性

清迈文华东方度假酒店

设施齐全的小"城"特意保留了泰国北部的文化，包括艺术收藏和文化活动，酒店的柚木别墅、宫殿式住宅的设计都代表着该地区的建筑史。

（4）内涵健康

三亚悦榕庄度假酒店

泳池别墅采用当地特有材质打造红瓦屋顶和黑色石板墙，融合当地独有的热带风情，细节之处尽显中国意韵。

曼塔度假酒店

酒店分为水上和水下部分，水上为观光平台，水平面为客厅和浴室，水下是房间。

（5）吻合度

伦敦瑰丽酒店

由纽约著名设计公司Tony Chi and Associates设计，运用漆面材料、带有纹理的胶合木材及棱形镜面等组成酒店丰富的设计配搭。

（6）融合度

天津瑞吉金融街酒店

这幢由钢筋水泥与玻璃幕墙构成的雄伟摩天大厦位于风景如画的海河南岸，独特的中空立方体设计巧妙呼应"津门"概念，已然成为天津市区一道纯美、别致的风景线。

九华山涵月楼度假酒店

粉墙、黛瓦、小桥、流水，无不彰显徽派园林"天人合一"的意境，再配上诗词、绘画、雕刻与潺潺的乐声，融合了时间空间因素，让你在"咫尺之内，觉万里之遥"。

6.4.2 外观特色

外观特色是通过建筑群体组织、建筑物的形体、平面布置、立体形式、结构造型、色彩、质感等方面的审美处理所形成的一种综合性实用造型艺术。

6.4.2.1 外观特色评分细则（满分90分）

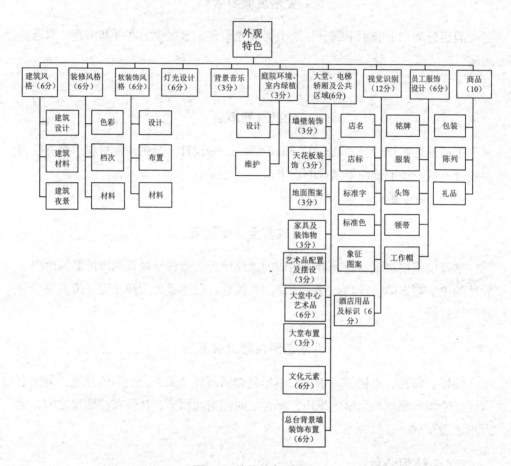

图6-1 外观特色组成表

6.4.2.2 外观特色案例

（1）建筑风格

泰国大城特色酒店

高大墙面的极简几何造型在一天之中拥有丰富的光影，带给客人无穷无尽的光影体验。

上海柏悦酒店

位于有"垂直型综合城区"之称的上海环球金融中心79~93楼，是一座精致的摩登中国式住宅酒店。

（2）装修风格

莫斯科威斯汀酒店

威斯汀为其抵达体验增添诸如特色芬芳、优美旋律、轻柔灯光和绿色植物等感官元素。

（3）软装饰风格

千岛湖云水·格

木质家具多保留木质本身的天然纹路并涂刷光泽型涂料，窗帘面料以自然界中的花朵，配色自然的条纹或纯净的白纱为主。

惠州南昆山十字水生态度假村

建设初期在当地请来了会制作夯土墙的工匠，用近乎失传的民间建筑的构造方式为建筑后院垒砌土墙。竹子、土墙，它们与屋瓦、河石和竹林一同建构出低调而独具地方特色的建筑景观。

（4）灯光设计

罗马Visionnaire酒店

在酒店灯光设计中，黑水晶吊灯十分突出，展现了空间所表达的灵魂，大理石的地面和天空的一抹蓝色充满现代气息。

芭堤雅希尔顿酒店

提取了海洋元素，设置了一系列模仿海浪涌动、沙滩及水下景色的装置。

（5）庭院环境、室内绿植

德国奥古斯丁酒店

酒店花园中矗立着姿态各异，艺术感十足的雕塑，像忠诚的士兵守护着城堡。给以城堡为特色的主题酒店增添了年代感和艺术感。

博德鲁姆文华东方酒店

俯瞰爱琴海宝石般纯净的湛蓝海水和两个私人沙滩的博德鲁姆文华东方酒店为土耳其南部海岸设立了新的奢华酒店坐标。

（6）大堂、电梯轿厢及公共区域

丽江别院精品度假酒店

在酒店大堂云南普洱茶艺、雪茄文化展示柜前，顾客可享受到云南特有的茶艺表演，品尝芬芳的普洱、滇红。

武汉万达嘉华酒店

让您拥有无与伦比的入住体验，酒店独有的"万达嘉华之床"及"妙梦"助眠系列给您带来美妙的睡眠体验。

（7）视觉识别

宁波十七房开元酒店

酒店在保留了原村落的历史风华及珍贵遗址的基础上加以拓建，并丰富了所处地的自然生态景观与环境，推开院落之门，三进大宅院的前院内一些置于角落的水缸、石磨，设于中间的石桩，给院落带来古色古香的韵味。

拉萨圣瑞吉度假酒店

酒店内部设计非常具有西藏本地艺术风格，从墙上装饰画到陈列品，处处体现着西藏厚重的历史文化底蕴。

（8）员工服饰设计

泰国Anantara度假酒店

酒店每一名员工服饰、服务礼仪都符合酒店的特色文化主题，服饰的袖口、领口等都有泰国传统花纹，上茶水服务都是根据泰国传统茶礼仪服务。

6.4.3 产品特色

6.4.3.1 客房类

（1）客房类评分细则

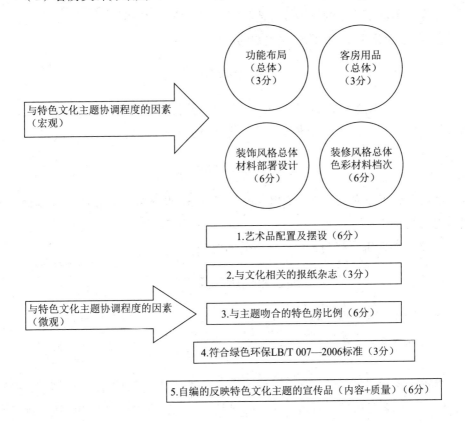

（2）客房类案例

① 客房功能布局与特色文化主题的协调

东京安缦酒店

　　酒店客房的功能布局与酒店主题完美融合，使东京安缦酒店不仅是东京传统与现代融合的缩影，也是日本和式风格的体现。

泰国金三角四季帐篷酒店

酒店的每套客房都是一顶帐篷。帐篷分布在不同的山上，顾客可以乘船抵达。更好地营造了住客的体验，打造私密和遗世独立的氛围。

② 客房装修风格与特色文化主题的协调

仁安悦榕酒店

香格里拉仁安悦榕由藏式农舍经过巧妙地拆迁改建，于仁安河谷新址处以原木打桩而成，其精妙扎实的建筑模式沿袭了藏家传统风格。

哥本哈根 SP34酒店

酒店摒弃了原先如万花筒般繁复的装修风格，以简练、含蓄的视觉体验呈现出丹麦现代设计风尚。

③ 客房软装饰风格与特色文化主题的协调

黄山雨润涵月楼酒店

现代精致的灯饰搭配简约的设计，既有现代色彩，亦不失精致古朴韵味。

朗廷亨廷顿酒店

坐落于美国洛杉矶的朗廷亨廷顿酒店，客房空间开阔，装潢脱俗精美，格调古典的家具令客房散发昔日黄金年代的显赫贵气，风格典雅独特的卧室可饱览园林美景。

④ 客房内的艺术品配置及摆设对特色文化主题的物化体现

上海璞丽酒店

摆放在客房室内的黄铜香炉，有"寿"字图样，寓意长寿吉祥。古时文人雅士在提笔挥墨、吟诗作画之前，为了培养灵感及情绪，常会在此点香凝神聚气。

阿玛尼酒店

位于迪拜市中心的阿玛尼酒店，是一家五星级豪华酒店，其香皂的设计灵感来自阿玛尼先生一次海边散步无意发现一块圆润的鹅卵石，石头的弧线刚好适合人的手掌，于是以其为灵感来源制作了这枚香皂。

6.4.3.2 餐厅类

（1）餐厅类评分细则

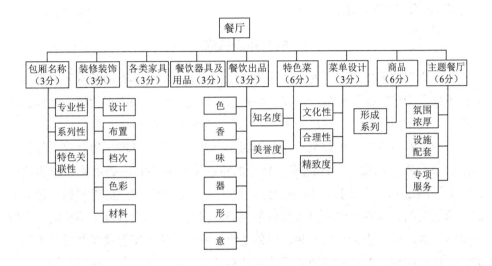

图6-2 餐厅产品特色组成

（2）餐厅类案例

① 餐厅装修装饰与特色文化主题的协调

棕榈岛亚特兰蒂斯酒店

设计师从传统中式建筑"四合院"中汲取灵感，通过现代设计手法，融合传统中式建筑之美，为整个空间营造传统文化的优雅气质。

北京瑜舍酒店

为具有强烈的中式剧院风格设计所环绕，内部设计展现深浅不一的光漆颜色，围绕公共用餐区各边的升高台面与中心区域平行。

② 餐厅内各类家具及器具与酒店特色文化主题的协调

阿布扎比度假酒店

酒店餐厅（户外）：在风格独特的灯饰和原始浪漫的烛光下共进大漠晚餐。
③ 评定指标案例解读

杭州新新饭店

酒店内部的餐饮项目，对于酒店的特色化和吸引力，具有非常重要的作用。餐饮不仅是为房客提供的配套功能，而越来越成为公共空间中极为核心的社会功能板块。其中酒店的特色菜成为餐饮部门基本功能的重要组成部分。

杭州新新饭店作为杭州最佳商务酒店，具有商务房、标准房等并提供餐饮、娱乐、宴会等各项服务。因此有其独特的特色菜也成为酒店提供餐饮服务的保证。为了满足顾客的要求，酒店存有大量对原材料进行加工过的半成品，比如虾仁、鱼之类的，这些半成品菜以其简单快捷、样式多、大大提高上菜速度、有特色等特点而深受酒店厨师的青睐。以备受欢迎的地方传统特色菜龙井虾仁为例，其虾仁选材精细，茶叶用清明前后的龙井新茶，味道清香甘美，口感鲜嫩，不涩不苦；虾仁来自河虾，细嫩爽滑，鲜香适口，虾肉不糟，略有咬劲。用猪油滑炒，荤而不腻。成菜后，有菜形雅、虾仁嫩、茶叶香的特点。菜形雅致，颜色清淡，虾仁玉白，茶叶碧绿，芡汁清亮。而且炒此菜时一定要时间短，动作快，才能保证虾仁的滑嫩。活虾最好冰冻一下才容易剥壳。

6.4.3.3 康乐类

（1）康乐类评分细则

（2）康乐类案例
康乐项目及场所要与酒店特色文化主题相协调。

越南会安南海酒店

酒店不仅设有儿童娱乐中心，顾客还能参加语言课、灯笼制作课和烹饪课，深入了解越南文化。活动室提供丰富的游戏和玩具，小客人们将会受到酒店的女性顾问照料，她们经验丰富、会说英语，并接受过急救训练。孩子将和工作人员度过愉快的时光。

金三角安纳塔拉大象营度假酒店

大象训练营——泰国大象保护中心授权给安纳塔拉可以在泰北举行训练活动。你可获得罕见的机会近距离观察和接触这些性情温和的庞然大物。

6.4.4 服务特色

特色服务是对服务特性的一种特有描述，是一种具有独特魅力的服务。是特色酒店根据所处的地域文化环境和顾客的需求，而有目的地形成一种与众不同的服务风格。

6.4.4.1 特色网络服务的建设

（1）杭州安缦法云酒店

杭州安缦法云酒店的网站首页，一目了然地体现了酒店的服务特色，并且各个快捷栏目齐全，更快捷的为顾客提供便捷的网上服务，并提供了网上预订服务。

（2）云南丽江花间堂

进入花间堂网站首页，呈现在眼前的就是一朵花，同酒店的主题相辉映。再往下拉，呈现在眼前的便是酒店周边的一些服务，这为顾客提供了更便捷的服务，同时也展现出了酒店自身特色。

①广告策略

在搜索引擎上，可以发现花间堂通过预订网站和搜索引擎做了竞价排名式广告。若有用户在搜索引擎上搜索过花间堂的相关信息，就会在打开其他网站时看到提示预订界面的广告。

②客户关系策略

与波若酒店相比，花间堂的会员制度相对来说更加完善，因为对于花间堂的酒店定位来说，要建立忠诚的顾客群体少不了会员制度的发展。花间堂制定了完整的《会员手册》，对会员须知、入会方式、会员类别、会员等级、会员权益、积分制度等内容都进行了详细的规定。与大多数酒店自身的会员制度一致，不同的会员等级享受不同入住待遇，等级高的会员可享受更高等级的入住体验。同时，花间堂还定期在会员间举办活动或送出小礼物。例如，为超级会员送出"花开富贵"笔记本和举办各类主题式的线下会员活动。活动开展的主题根据会员的实际爱好和实际需求进行规划。

③网络策略

花间堂相当重视在各类社交媒体上对酒店品牌的宣传，花间堂拥有总部官方微博账号和各个分店的微博账号。花间堂通过在社交网络上举办相关的活动来增加自己的关注量和粉丝数，例如在2014年10月，花间堂通过举办"花迹摄影大赛"，征集顾客在花间堂的摄影作品，评选出6张最佳作品不但赠予花间堂体验券，且用获奖作品作为自己品牌的宣传照；开设微店，售卖特色小商品，如苏州山塘人家采取了线上交易、线下体验体验模式，只要通过二维码扫描，便可在微店上买到自己在酒店住宿过程中看到、摸过、吃过的各类特色商品。杭州西溪花间堂是首家网络社交酒店，通过创建微社区，让人从线上玩到线下。在线上，住过花间堂的客人可以通过网络分享入住体验，也可以组织趣味相投的朋友，参与线下活动。在线下，大家又变成村庄的体验者和实践者，并通过线下的活动分享和交流。

6.4.4.2 特色文化活动或营销活动

（1）上海半岛酒店

"半岛学堂"项目最初由香港半岛酒店于1997年推出，意在帮助客人了解香港独特的中西方文化相融合的特色。该项目受到广泛欢迎进而迅速扩展到集团内部其他分店。继亚洲及美国地区（包括东京）的8家分店后，新的上海半岛酒店也推出了半岛学堂项目。

上海半岛酒店推出的半岛学堂结合上海传统特色，在艺术文化、生活方式、美食美酒和儿童课堂四大领域，通过制定个性化课程帮助客人和他们的家人更深入地了解上海历史精髓和中国文化，令人耳目一新。

（2）虹夕诺雅·京都

日本茶道源自中国，它将日常生活行为与宗教、哲学、伦理和美学熔为一炉，不仅仅是物质享受，而且通过茶会，学习茶礼，陶冶性情，培养人的审美观和道德观。

酒店提供和服体验、插画学堂、京唐纸制作、闻香悟道等服务活动。使顾客可以从每一处细节体验到日本传统文化。

6.4.4.3 特色宣传手册

南宁君悦酒店

源自奢华艺术灵感，援引正统高贵的建筑设计理念，汲取世界级极致豪奢装修艺术精髓，接轨国际潮流的中西结合的装修风格，与年轻新贵们的品位完美对接，在匠师们的精心打磨和调试下锤炼一个阶层的专属私享品。

6.4.5 基础支撑

6.4.5.1 特色化设计

（1）台北北投区的三二行馆

以"泉、木、树、石"为四个基本元素，极简主义东方禅风建筑，建筑简单、干净、清爽并与景观紧密融合，大量运用原木、岩石等天然素材，并以现代钢铁建材和玻璃巧妙地融入饱经风霜、表情互易的原生树种和石材之间，营造出简洁而不简单的建筑立面。

（2）景迈柏联特色酒店

与城市里的酒店不同，景迈山柏联特色酒店的围墙形同虚设，整个酒店反而像个大花园，周围被景迈山那千年万亩的普洱古茶园所环绕。

为了使酒店建筑更加完美地融入茶山中，酒店建筑以简约木质设计为主。一栋一栋的别墅在树林里，融入了大自然中。随处可见木质的茅草亭子也是酒店一道亮丽的风景。酒店的大堂是一个小型博物馆，公共区域的陈列、躺椅、沙发都是木质的，十分精致，历史感十足。在橱柜中陈列着各种各样的名茶，最多的还是普洱茶，使人感觉古香古色。茶庄园是酒店的后花园，每天清晨，可在酒店茶亭或房间阳台上远眺晨雾迷漫的万亩茶林和壮观景迈云海；黄昏时，坐在酒店的日落吧看夕阳渐渐西下，晚霞飞彩。茶林近在咫尺，沿着通向茶林的小径，漫步到茶园中，呼吸雨林里新鲜空气，在茶林里做瑜伽，令人心旷神怡。酒店的观云阁餐厅每天都可以品尝到来自山中的生态有机食品。祭茶祖的日子，和茶农一起在古茶林里祭祀茶祖，到茶山寨体验茶农的农耕生活。

（3）Ceylon Tea Trails（锡兰茶迹）

Ceylon Tea Trails（锡兰茶迹）地处斯里兰卡的一处海拔1250米之上的茶产区，是一座艳惊全球的顶级特色酒店，酒店21间客房分布于四座建于1888年至1950年间的殖民风格庄园别墅内，客房间距3~10公里不等，都被葱翠的茶园环抱，由蜿蜒的茶径串联。是一座以当地特色"茶"为主题文化的特色酒店。

①特色文化服务的相关活动

上床茶是锡兰茶迹酒店的传统活动，在酒店新的一天开始，有管家为顾客上床茶的传统。厨师烹饪美食都是采用新鲜农产品和家庭种植的蔬菜和草药。客人可以享受从西餐菜到传统斯里兰卡经典茶风味菜肴、下午茶等。

②特色文化主题的专门解说服务

在酒店房费中还包括了税金、服务费和一趟茶之旅——茶园专家会带你从如何采茶、选茶叶开始，将关于茶的一切娓娓道来，还会前往工厂，看成品茶如何从百年历史的制茶机上下线，还能免费品尝各品种的茶为"茶之旅"收尾。每位顾客都可以亲身参与。

6.4.5.2 员工服饰设计

酒店服务员都穿着斯里兰卡的民族服装，男着"纱笼"，女着"纱丽"。这原本在逢年过节或者重要节日的时候的装束，使宾客更加亲切体会到斯里兰卡的传统特色。

6.5 经典案例赏析

大城萨拉酒店

大城萨拉酒店（Sala Ayutthaya）是Onion工作室在泰国大城府完成的新作，该酒店是一座拥有26间客房的精品酒店，地处泰国湄南河风景最秀丽的位置。酒店面对1353年由大城府第一代国王下令修建的古迹沙旺寺。酒店将弧形的红砖墙与白色现代建筑艺术结合得淋漓尽致。

·主入口与曲墙院落 Main Entrance & Brick Wall Court

建筑临街部分是低调的砖墙，进入主厅后，推开沉重的铁门到达酒店院落，首先映入眼帘的是由曲面几何墙体围住的交通院落。高大墙面的极简几何造型在一天之中拥有丰富的光影，带给客人无穷无尽的光影体验。

·水院 Pool Court

曲墙院落联系酒店的系列院落和区域。人们要穿过墙，到达庭院进入客房。围绕白色庭院共布置了12套客房。中心连廊将庭院分成两个部分，一个是与外面曲墙庭院的红砖形成鲜明对比的白色泳池庭院，一个是种植着绿色树木的铺着红砖地面的花园。

·餐厅 Dining & 沿河外观 Exterior

酒店的餐区位于临河的一侧，沿着河面铺设甲板，将用餐区由室内蔓延到室外。芳香葱郁的树木为甲板提供浓荫。

上海柏悦酒店

上海柏悦酒店位于浦东陆家嘴金融中心地带的上海环球金融中心，楼共101层，高492米，是世界上最高的大厦之一。

·简约休闲的装修风格

85层水疗SPA及健身中心提供按摩池、蒸汽浴、太极馆。

·把高层酒店体验发挥到极致

87层包括一个美食吧、一家法餐厅、一家茶餐厅和一个酒吧；91层有西式、中式和日式菜色以供选择，只需安坐其中便可享用三种不同的菜色；92层包括西式酒吧，备有现场音乐表演、威士忌酒窖和威士忌私人宴会厅，以及一间中式酒吧；93层全世界最高的餐饮和会议场地，提供西式、中式和日式佳肴。

Reddot Hotel

Reddot Hotel是原来存在了35年的Galaxy Hotel的转型之作。2014年原大厦被重新建造装修，这家酒店也相应地获得了新生。原来酒店设计使用的普通建筑材料被摒弃不用。凭着时空的印记，那个时代的材料特性被重新发现并且加以利用。

·怀旧复古风格

建筑只采用红砖和鹅卵石相间来打造外立面，这样使建筑与街区相呼应。LED打造的欢迎标识给人一种怀旧感，仿佛时间又回到了40年前。在大厅的欢迎标识上，使用了防火砖墙，还在拱形的窗户上镶嵌了玻璃。

·创意设计给客人带来新鲜感

Reddot Hotel设置了各种有趣的东西，包括从二楼一直盘旋下滑到一楼的不锈钢管，立刻就能把人们的视线牢牢地吸引住。螺旋状滑动是由102块不锈钢板组成的，整个金属板的长度有27米。采用普通的材料，对它们创新性地加以利用，这让整个酒店看起来新鲜而诱人。

· 温馨舒适的家庭装修风格

地下这一层，是经典的水磨石地板铺就成的餐厅。客房让每一位入住的客人，都感到像在自己家一样舒适温馨。室内的设计中还使用了木地板、蛇纹石和客家族的编织物作为装饰。这些东西使得客房像家一样，安静而且稳妥。

莫斯科威斯汀酒店

威斯汀酒店（Westin）是美国的一个国际性连锁酒店品牌，它属于喜达屋（Starwood）集团旗下。威斯汀锁定的市场是高阶层的消费族群，世界各地的威斯汀都是被当地评选为五星级的酒店。

· 极致舒适的装修风格

威斯汀引以为傲的天梦之床（Heavenly Bed）改变了业界对于顶级睡眠体验的传统认识。

创新的天梦之家拥有配备两个淋浴喷头的宽敞浴室，可使您尽情享受天梦之浴（Heavenly Bath）。此外，威斯汀天梦之浴还可提供水疗毛巾、个性化卫浴用品、天梦浴帘和埃及棉绒浴袍等便利设施。

威斯汀健身中心（Westin WORKOUT）为酷爱健身的人士提供理想的健身环境，让他们即使远离家中也能保持日常健身。

· 精致而奢华

威斯汀的露天餐厅，位于顶楼，装修精致而奢华，满足人们享受生活，享受慢生活及美景的需求。

桂林象山水月逸酒店

桂林象山水月逸酒店位于象山区民主路，地处漓江之畔，与象鼻山相依而筑，象山水月、訾洲烟雨等美景近在咫尺。

· 与大自然完美结合

桂林象山水月逸酒店汲取了桂林山水的温婉、情调，无处不彰显着文化或气质底蕴。当踏进酒店玻璃门的那一刻，映入眼帘的优雅或休闲、奢华或质朴让您的心灵找到了安放之处。客房格调别致、个性鲜明、推窗见景，足不出户亦可一览风景秀色。

· 自然与文化完美结合

古朴中带有现代的气息，中国传统文化与西方简洁设计的完美结合，为客人带去极致奢华自然体验。在酒店三楼的空中花园里，满目尽是林木的苍翠，周遭都是山与水的环抱，恍如置身世外桃源。

千岛湖云水·格精品Hotel

· 美式田园装饰风格

美式田园风格比较注重简洁随性，崇尚自由。体现为单纯、休闲，绿色植物，藤编的餐椅，镂空的装饰，典雅舒适。

· 灯光与木雕的完美结合

在大堂里，用实木雕琢出了两叶舟，其一用支架的方式悬空在了这个空间里，让它飘浮在了空气里，像水已经充盈了这里，船桨被艺化成了屏风与摆件，配以如荷花一般挺立的"飘浮椅"，再用细竹编制成的网格作为吊顶，透过灯光把竹影洒向了白色的墙面。

· "软硬"结合

建筑风格是现代简单干练的，硬装一切从简的做法。所以画布与舞台就从这纯白干净的基底开始，地上的白色地板与墙面的简单白色粉饰将直白地衬托出之后要在这里上演的一场室内外的对话，一幅臆想出的山水，一出没有言语的戏剧。

绍兴大禹·开元酒店

绍兴大禹·开元酒店是一家以江南水乡民居风格为主题的高端精品酒店，位于绍兴市东南方向，地处会稽山脚下、毗邻禹陵景区，前身为禹裔后嗣居住地，距今已有4000余年历史。"平和、内敛、精致、儒雅"是开元把原始民居改造成具备江南文人气质酒店的最初目标。

· 不搞破坏，依景造景

酒店在改造中坚持完整地保留禹陵村江南水乡的格局、不损坏一草一木的理念，百余栋民居被低调地改造成客房、茶楼、餐厅、宴会厅等，而古戏台、官河埠头、牌坊、天井、古街、石巷等公共空间更是原封不动。大禹·开元酒店的户外景观照明设计中，最大的特点就是"依景造景，对景成趣"，即利用原建筑及原有景物，运用灯光营造出新的景观。夜晚，坐着乌篷船沿河道抵达客房的途中，墙面的黑白剪影一路缓缓随行，散发着水墨丹青的淡雅气息，在灯光的作用下，斑驳的树影、粼粼的水波、四周的绿树及小桥浑然一体。

·减少人工，尽量保持原生态

从船埠码头下了船，推开第一扇木门便进入了酒店大堂。大堂原为一户人家的客厅，斑驳的门槛和高悬的横梁显得古朴庄重。因为有一些客房是带阁楼的屋子，阁楼上如果没有照明，尤其是阴天，会感觉窗外黑漆漆的。由此，设计师特意用投光灯将屋脊和树植做出光效，展现出渐变的层次感。这样，当客人躺在房间或凭窗遥望时，视线所及之处非常温暖。此外为了使夜晚的大禹·开元酒店仍能自然地呈现如诗如画的美景，设计师采用人工照明，营造出仿佛月光投射的自然剪影。用尽量少的人工照明刻画了大禹古村本来的样貌和自然的意境。

土耳其博德鲁姆文华东方酒店
Mandarin Oriental Bodrum

地中海和爱琴海之间的博德鲁姆毋庸置疑是欧洲地图上最美的目的地之一。在游览繁华的伊斯坦布尔后，可以亲身体验一下欧洲的商界大佬们如何度过一个有范儿的地中海假期。

·与大自然完美融合

土耳其博德鲁姆文华东方酒店坐落于博德鲁姆半岛北部的Cennet Koyu，又称天堂湾（Paradise Bay）的海滨山丘上，环抱古老橄榄树和松树林，享尽爱琴海的优美景致，仿如置身世外桃源。

大理天谷喜院古迹精品酒店

大理天谷喜院古迹精品酒店位于喜洲镇寺里村委会翔龙村，临近大理古镇。酒店以一座民国时期典型的白族建筑为雏形，经由喜洲白族古建工匠、建筑物理学及土木结构专家和意大利建筑及室内设计师事务所共同参与改造而成的古迹精品酒店。

·历史气质

酒店风格重点在于寻求历史与现代的平衡，使客人在同一时空体验过去和现在，并留下深刻印象。在客房室内布局上，尽可能保留并显露出原有墙壁及结构，并将新加部分与遗留部分加以区分，使客人在享受舒适的现代环境的同时，也能感受到酒店自身所具备的历史气质。

·建立在历史上的设计

大理天谷喜院古迹精品酒店客房中所涉及的土墙、照壁、立柱、横梁、木窗及所有绘画和镶嵌等留存下来的部件均为真品。作为国家级重点文物保护单位，喜洲古镇始于汉末，成于明清；古南诏国、大理国发祥地，距今1000多年的历史。

希腊伊奥斯岛Liostasi Ios Hotel & Spa

希腊伊奥斯岛Liostasi Ios Hotel & Spa是一家典型的地中海式风格酒店。酒店的建筑灵感来源于伊奥斯岛（Ios）的传统建筑，使用来自周围群山的石头打造宏伟的外观，将白色与大海的蓝色巧妙地融为一体。

·地中海风格

希腊伊奥斯岛Liostasi Ios Hotel & Spa具有独特的美学特点的地中海风格，一般选择自然的柔和色彩，常选择柔和高雅的浅色调，映射出它的田园风格。常见色彩组合有西班牙蔚蓝色的海岸与白色沙滩，希腊的白色村庄与碧海蓝天，法国南部薰衣草的蓝紫色香气等。

北京涵珍园酒店

北京涵珍园国际酒店是以清朝北兵马司将军府的王府为基础修建，集中传统文化建筑及现代豪华酒店的舒适度为一身的超五星级豪华精品酒店。酒店采用中国传统的造园技术，处处彰显雍容宏广的王府气概。各处名贵字画陈设，紫檀花梨家私，件件珍品蕴含院中。

西双版纳安纳塔拉度假酒店

西双版纳安纳塔拉度假酒店被中国云南省的原始森林所环抱，是进入该地区体验丰富文化传承和令人惊叹的大自然美景的门户。位于中国云南的这座装饰典雅的酒店依傍着蜿蜒曲折的罗梭江，融合了现代风格与本地引人入胜的美景。郁郁葱葱的热带花园充满了西番莲和野生兰花的甜蜜气味。

· 以花入菜

"热带王国"西双版纳里各种鲜花盛开正艳。而紧邻中科院植物园的西双版纳安纳塔拉自然不会错过这个好时节，罗梭餐厅大厨特别在美食烹饪中融入了西双版纳鲜花元素，以花入菜，用不同的花朵作为原料，不仅增色调香，而且口感更加丰富。

· 豉油石榴花

江南梧桐还没冒芽，版纳的石榴都已经开花了！石榴花入菜味道清香，这个菜一般来说餐馆也不大会有，因为不是很多，季节性也很强，石榴花之前的处理也比较花时间，所以难得一见了。

· 茉莉花煎蛋

传说茉莉花有三抗：抗癌，抗衰老，抗菌。对了，女性经常食用还有瘦身功效。先不论功效是否确实如此强大，但从口感而言，茉莉花口感甜，热腾腾呈上来，茉莉花香四溢，让人迫不及待开动起来。

清迈四季酒店

在湄林谷的环抱之下，休憩于清迈四季度假酒店宽敞的亭阁之中，享受经典的水疗护理、泰国传统美食和四季酒店以客为尊、无微不至的服务。

· 烹饪学堂

酒店提供许多特色活动，在烹饪学堂中你可以学会制作一些泰国传统美食，参加瑜伽课程可以使你在泰国的大自然中修身、养性、放空自己。

· 特色表演活动

每天晚上有精彩的泰国当地表演活动供您欣赏。邀请您的加入。

三亚亚龙湾瑞吉度假酒店

三亚亚龙湾瑞吉度假酒店位于亚龙湾最后一片奢华宁静之地。您在这里能找到游艇触感的木质装饰。而酒店私密性在醒酒廊得到充分体现，这里夸张的燕尾沙发营造出拥有极具私密感的怀旧空间。

·个性化服务

一个多世纪以来，瑞吉管家服务一直是瑞吉体验的一大特色，并且我们依然是能够在遍布全球的每一家酒店提供这种个性化服务的唯一豪华酒店品牌。从一件令人难忘的旅行物品到一套用于参加重要会议的完美熨烫礼服，或者是为心爱之人精心挑选的礼物，一天中无论何时，绝没有一个要求是微不足道或无法满足的。瑞吉管家服务的精髓是谨言慎行和个性关怀，让宾客体验最珍贵的奢华——时间。

美国库比蒂诺雅乐轩酒店

雅乐轩（aloft）是喜达屋酒店集团推出的一个新品牌。雅乐轩客源定位于中外高端时尚人士，直营方式经营。酒店以"有限"服务为主要特色，提倡"自助"模式。雅乐轩品牌秉承其技术研发的传统，首创业界"无钥匙进入"自动登记入住系统。雅乐轩同喜达屋旗下的所有酒店品牌一样向宾客推出 SPG 俱乐部计划，这项计划包括不限日期免费住宿奖赏的突破性政策。

美国加州库比蒂诺市的雅乐轩酒店，提供了名为"A.L.O SaviOne Butlr"的机器人管家服务，为客房提供饮料、毛巾递送的服务。

·机器人管家

机器人管家看起来像是一个拉长版的"垃圾桶"，身高约1米，机身内部容量约为56升，可以容纳毛巾、饮料等物品。机身顶部的触摸屏，是机器人与客人沟通的主要手段，另外它还可以发出哔哔声，提醒客人它在门外了。其他部分的硬件规格尚不明确，但机器人可以接入酒店Wi-Fi网络，从而控制电梯，能够在走廊分辨出客人位置，避免相撞。

伦敦圣詹姆士饭店
St. James's Hotel

伦敦圣詹姆士饭店（St. James's Hotel）位于伦敦传统和时尚的交会地，是一家伦敦的顶级时尚酒店，为许多名流所青睐。酒店位于伦敦西区一条僻静的街道上，靠近梅菲尔区和皮卡迪利大街，坐落在一幢高雅的宅邸中。

·酒店装饰

酒店各处都拥有奢华的装饰和时尚的艺术品。精品卧室提供手工丝绸壁纸和豪华床铺。

· 专门针对女性的服务

伦敦圣詹姆士饭店女性酒店员工尤其珍视为单独的女性宾客提供服务。在英国St. James's酒店工作的Madeleine Calon，是SLH伦敦酒店中的唯一一位女性礼宾主管。从女性的角度出发，她能为女性宾客提供各种贴心的建议。

参考文献

［1］李应军. 国外精品酒店的发展及中国的对策［J］. 经济与管理，2008（6）：73-76.

［2］叶予舜. 酒店管理专论—论述精品酒店的解读［EB/OL］. http：//max. book118. com/html/2015/0613/18966320. shtm，2012-11-17.

［3］赵彩绘，杨国权，潘磊. 国泰品牌标准模式建立与品牌管理［EB/OL］. http：//www. doc88. com/p-6824394028154. html，2008-12-16.

［4］李养田. 台湾民宿旅游与现代休闲产业发展研究启示（之一）［EB/OL］. http：//blog. sina. com. cn/s/blog_679394f40102vb9g. html，2014-11-30.

［5］国内客栈业近年发展迅速，成为城市文化的新窗口［EB/OL］. http：// travel. hebei. com. cn/system/2013/06/06/012813483. shtml，2013-06-06.

［6］万旅微盟. 以上海为例浅谈民宿升级之困［EB/OL］. http：//ttop. wtoutiao. com/p/1e70CwZ. html，2015-09-25.

［7］主题酒店定位 / 主题酒店发展规划 / 主题酒店发展前景 / 主题酒店发展趋势 ［EB/OL］. http：//www. shsee. com/ztjd/fzqs/，2012-10-22.

［8］贾静. 中国精品酒店的经营策略探析［D］. 青岛：青岛大学，2011.

［9］李应军. 中国发展精品酒店的可行性分析及对策探讨［J］. 云南财经大学学报，2008（1）：107-111.

［10］周倩. 精品饭店品牌联想对顾客行为倾向的影响研究［D］. 杭州：浙江大学，2012.

［11］乔文黎，张春利. 精品酒店设计解读［J］. 城市建筑，2012（4）：39-40.

［12］张文成. 精品酒店："精"为王道—精品酒店的设计、服务与营销探讨［J］. 饭店现代，2013（9）：58-62.

［13］郭树涵. 主题精品酒店的大时代［J］. 中国新时代，2014（7）：48-53.

［14］奇创．野奢生态度假酒店的特征［EB/OL］．http：//www. kchance. com/
　　　LandingPage/RusticLuxuryHotelDesign/，2015-09-28.

［15］尹洪弟，胡亮．中国主题酒店的设计与经营理念探析［J］．江苏商论，
　　　2011（3）：37-39，49.

［16］柳君贞．曲阜鲁能儒家文化主题酒店定位与运营研究［D］．济南：山东
　　　大学，2009.

［17］张明，廖培．浅谈主题酒店及其体系建立—以京川宾馆、鹤翔山庄为例［J］．
　　　桂林旅游高等专科学校学报，2006（5）：604-608.

［18］丁源．浅谈台湾民宿设计风格及特点［J］．新西部（理论版），2015（18）：
　　　43，52.

［19］杨昕．基于体验营销理论下的精品酒店室内设计研究［D］．成都：西南
　　　交通大学，2014.

［20］腾讯科技．携程进军客栈旅游市场，力推客栈自由行［EB/OL］．http：//
　　　tech. qq. com/a/20101014/000322. htm，2010-10-14.

［21］施国新．主题酒店文化主题创意研究：从创造体验到打造概念［J］．旅游
　　　论坛，2013（5）：98-104.

责任编辑：李冉冉
责任印刷：冯冬青
封面设计：何　杰

图书在版编目（ＣＩＰ）数据

特色酒店设计、经营与管理 / 杨春宇著．－－ 北京：
中国旅游出版社，2018.9（2022.10 重印）
　　ISBN 978-7-5032-5758-2

　　Ⅰ．①特⋯ Ⅱ．①杨⋯ Ⅲ．①饭店－室内装饰设计②
饭店－经营管理 Ⅳ．① TU247.4②F719.2

　　中国版本图书馆 CIP 数据核字 (2017) 第 001593 号

书　　名：特色酒店设计、经营与管理

作　　者：杨春宇著
出版发行：中国旅游出版社
　　　　　（北京静安东里6号　邮编：100028）
　　　　　http://www.cttp.net.cn　E-mail:cttp@mct.gov.cn
　　　　　营销中心电话：010-57377108，010-57377109
　　　　　读者服务部电话：010-57377151
排　　版：北京旅教文化传播有限公司
经　　销：全国各地新华书店
印　　刷：北京明恒达印务有限公司
版　　次：2018 年 9 月第 1 版　2022 年 10 月第 2 次印刷
开　　本：787 毫米 ×1092 毫米　1/16
印　　张：12
字　　数：210 千
定　　价：34.00 元
ＩＳＢＮ　978-7-5032-5758-2
